Yveline Garibaldi

Once upon a time la Dépression "nerveuse", que dire d'autre!

AF166893

Yveline Garibaldi

Once upon a time la Dépression "nerveuse", que dire d'autre!

Objectif de l'analyse : faire face à la douleur émotionnelle, vaincre la dépression, guérir, se sentir à nouveau en VIE

Éditions Vie

Impressum / Mentions légales

Bibliografische Information der Deutschen Nationalbibliothek: Die Deutsche Nationalbibliothek verzeichnet diese Publikation in der Deutschen Nationalbibliografie; detaillierte bibliografische Daten sind im Internet über http://dnb.d-nb.de abrufbar.

Information bibliographique publiée par la Deutsche Nationalbibliothek: La Deutsche Nationalbibliothek inscrit cette publication à la Deutsche Nationalbibliografie; des données bibliographiques détaillées sont disponibles sur internet à l'adresse http://dnb.d-nb.de.

Coverbild / Photo de couverture: www.ingimage.com

Verlag / Editeur:
Éditions Vie
ist ein Imprint der / est une marque déposée de
OmniScriptum GmbH & Co. KG
Heinrich-Böcking-Str. 6-8, 66121 Saarbrücken, Deutschland / Allemagne
Email: info@editions-vie.com

Herstellung: siehe letzte Seite /
Impression: voir la dernière page
ISBN: 978-3-639-76045-3

La Depression

YVELINE GARIBALDI

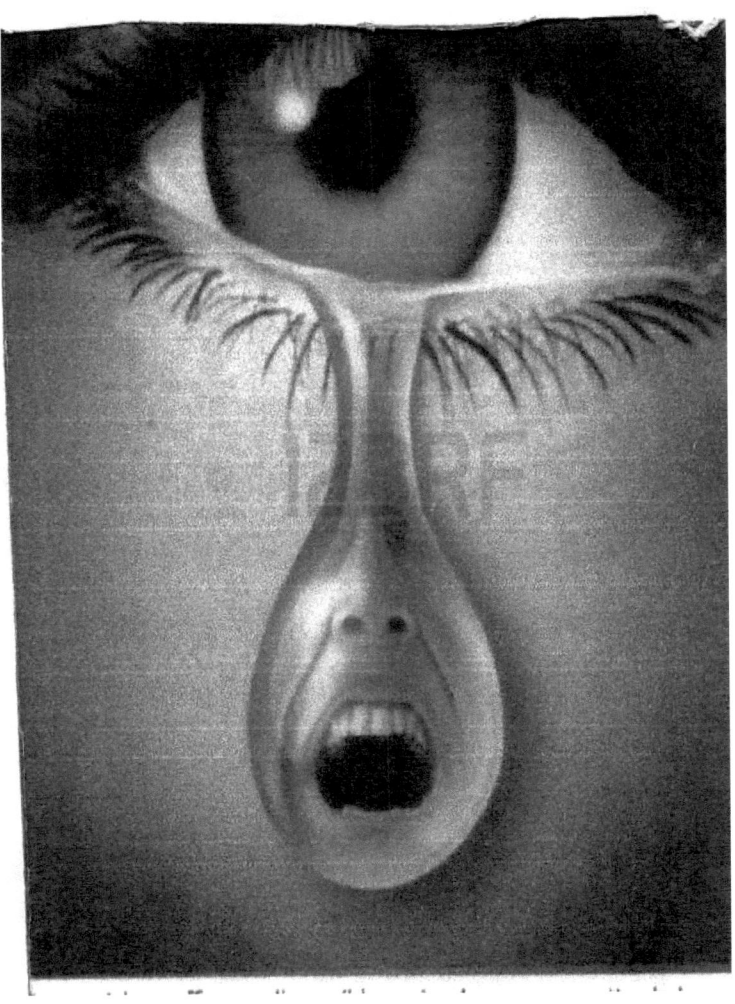

CE LIVRE POURQUOI ?

Car aujourd'hui, en France, la dépression touche plus de 3 millions de personnes et que la moitié d'entre elles ne se soignent pas.

Parce que mieux connaître la maladie, c'est pouvoir en parler, accepter de trouver de l'aide auprès d'un psychothérapeute, d'un psychanalyste.

Parce que comprendre plus vite ce qui se passe, c'est souffrir moins longtemps.

Parce qu'en savoir plus, c'est déjà commencer à s'en sortir.

CE LIVRE POUR QUI ?

Pour tous ceux qui souhaitent s'informer, pour eux-mêmes ou pour leurs proches, sur la dépression, ses symptômes et les solutions pour la soigner.

La dépression peut intervenir à tous lesmoments de la vie mais elle prend des formes spécifiques selon les âges : ce livre traite plus particulièrement de la maladie chez l'adulte.

Once upon a time la Dépression "nerveuse", what else to say !

Et, je voudrais dire à celui ou celle qui est ou qui se sent dans le gouffre, c'est qu'ils ne sont pas seuls et que d'autres qui sont ou qui ont été dans ce gouffre, on pu s'en sortir grâce à des thérapies et à la méthode intégrative.

Bien sûr, pas demain matin ou dans deux semaines, peut-être même pas dans un mois, imaginons dans six mois seulement.

Cette période ne va pas être drôle entre-temps mais il ne jamais perdre de vue l'objectif : "je peux en ressortir" de ce gouffre.

Mais s'agit-il d'une déprime ou d'une dépression ou d'un burn out ?
IL s'agit de ne pas confondre.

Il faut se poser les bonnes questions : qu'est-ce que la dépression ?
Quels en sont Les symptômes et Le risque de suicide ?
Quelles sont les différentes formes de dépression et les troubles associés qui y sont associés ?
Aussi, il convient de connaître quelles sont les origines de la dépression.
Et, aujourd'hui, il existe des solutions thérapeutiques.
Il faut tout d'abord savoir pourquoi le recours au soin est indispensable et quelles sont les solutions efficaces.
En effet, la mise en oeuvre de La psychothérapie et la prise de médicaments antidépresseurs, dans certains cas, sont nécessaires.
Parfois, l'hospitalisation est préconisée.
Les patients ne savent pas toujours où et qui consulter.

Allo, mon psychanalyste, « Pourrait-il s'agir d'une dépression ? »

Consulter son psychanalyste permet d'établir un diagnostic de la dépression et de mettre en place une psychothérapie adaptée.

Consulter un médecin permet de convenir des traitements, si cela s'avère nécessaire. Consulter en Cabinet ou en Institutions sont des possibilités pour la personne dépressive et permet certains remboursements des soins pour dérterminer les besoins (arrêt de travail, accompagnement...).

Le rôle de l'entourage est aussi important et la famille ne sait pas toujours quels comportements adoptés face à la dépression d'un proche ?

Ils désirent rester efficace dans leur soutien face à cette situation.

Il faut ainsi comprendre que la personne dépressive peut faire quelque chose pour elle-même.

En effet, elle peut et je dirai même, elle doit pouvoir exprimer sa souffrrance pour accepter ensuite d'être aidée.
La confiance est primordiale entre le patient et sa famille, entre le patient et le thérapeute.
Pour anticiper une décompensation, il convient de repérer les signes précurseurs de la dépression et la mise en place des actions de soins complémentaires sont impératives dès les premiers signes.

PREMIERE PARTIE

LA DÉPRESSION, EN SAVOIR PLUS POUR EN SORTIR

Tout d'abord, déprime ou depression, il ne faut pas confondre.

Mais Voilà, c'est une question difficile à poser : s'agirait-il d'une dépression ?

La personne est fatiguée, n'éprouve plus de plaisir, est triste mais pas la tristesse habituelle, son état n'a rien à voir avec un « coup de déprime passagé ».

Elle se sent soudain coupée de tout, coupée du monde et c'est si douloureux, si déstabilisant et si inconfortable.

Si vous vous posez la question pour vous-même ou au sujet d'un de vos proches, ou, si simplement vous voulez en savoir davantage sur cette maladie, lisez ce qui va suivre et vous apprendrez que la dépression est une maladie qui peut prendre plusieurs formes et toucher chacun d'entre nous, à chaque période de notre vie.

Vous apprendrez aussi à connaître les principaux symptômes de cette maladie.

Le premier pas pour agir contre la maladie consiste à apprendre à repérer ces symptômes pour soi ou pour un proche et de connaître ce qu'est vraiment la dépression.

Qu'est-ce que la dépression ?

Il faut comprendre tout ce qui rentre dans les ingrédients de la dépression.

Elle peut être causée comme n'importe qu'elle autre maladie, c'est-à-dire être purement un problème au niveau de la biochimie du cerveau et dans ces cas là, elle n'est pas choisie, la personne ne l'influence pas ; ce n'est pas à cause de la mère, du père, ou de n'importe qui.

En revanche, il y a auss d'autres facteurs comme la biochimie si on observe des changements hormonaux, des problèmes de nutrition, d'autres substances : médicaments.

Aussi, il y a bien d'autres choses qui peuvent affecter la biochimie du cerveau donc avoir un impact sur l'Humeur.

Maintenant, lorsqu'on a des frères et soeurs, ou quand on a des enfants qui sont très différents, les mêmes parents peuvent produire des enfants avec un tempérament complètement dissemblable.

Ainsi, il y a des personnes avec une tendance heureuse et des personnes qui ont tendance a être plus négatives, des personnes curieuses, des personnes qui ont peu d'intérêt et très peu de curiosité.

Ils sont souvent dans la même famille, les oncles, les tantes, les cousins, les cousines, les frères, les soeurs et nos propres enfants, avec tant de variations.

Je peux dire que le tempérament "inné" est en nous aussi et que ce tempérament va toujours influencer.

Et, dans cette influence, il y a encore l'environnement, la culture : notre culture familifale, les attitudes familiales, les attitudes de la société ainsi que nos croyances.

Par expérience de psychanalyste, un exemple illustre ces croyances.

En effet, lorsque la personne croit en la réincarnationn, la mort est vécue différemment de quelqu'un qui ne croit pas à celà.

C'est une croyance. Si vous l'avez, c'est une chose, si vous ne l'avez pas, c'est une chose différente.

Je ne dis pas, par ces propos, que vous devez avoir cette croyance mais, par contre, vous pouvez en choisir une, qui sera la vôtre.

Il y a aussi des évènements marquants à l'origine de la dépression, des évènements majeurs de la vie, évidemment.

Par exemple, si je perds mon emploi, un être cher, la personne que j'aime, un époux, une épouse, un enfant, un parent, cela m'affecte énormément.

Ainsi, je rencontre des personnes en thérapie car ils ont vécu une série d'échecs dans leur vie, l'un après l'autre (mais la réussite n'est-elle pas la somme des échecs ? je dirai même la somme des expériences ?) ; elles ont vécu de mauvaises relations, beaucoup de conflits au travail.

Lorsqu'elles viennent consulter, elles sont déprimés suite à ces problèmes qu'elles ne parviennent pas à reconnaître, à analyser, à comprendre, à intégrer.

Aussi, lorsque je demande leur histoire, régulièrement cela revienty et je peux diagnostiquer la personne comme quelqu'un avec une dystémie.

Cependant, il convient de comprendre comment cela est arrivé car dans les troubles de la personnalité, cela peut beaucoup contribuer à une série d'évènements.

Ainsi, notre biochimie, notre tempérament, les évènements de notre vie, notre culture, tous nos apprentissages influencent "qui nous devenons", notre personnalité.

C'est notre personnalité qui est le FILTRE que nous avons en nous, qui affecte comment nous vivons les évènements et comment nous nous sentons par rapport ces évèments.

Donc, c'est l'apprentissage, les facteurs environnementaux, les choses venant de l'extérieur, les processus biologiques, l'inné qui créent, influencent notre humeur et je l'attache, ici, avec perception et croyance car nos croyances de base, nos perceptions des choses et notre humeur vont ensemble et nous ne pouvons pas les séparer.

Toutes les difficultés rencontrées créent la dépression ou les symptômes dépressifs et la dépression est soit une condition, un genre de maladie, soit une réaction, un symptôme d'autre chose.

Lorsqu'une personne est déprimée, elle est déprimée pour une raison.

Par exemple si elle est perfectionniste et qu'elle a toujours l'impression que ce n'est pas assez bon, elle dira : "peu importe ce que je fais, ce n'est jamais assez bon. Je vais ainsi être déprimée, souvent déprimée".

Alors, elle va donc chez le psychanalyste avec une dépression mais, en fait, le problème c'est qu'elle est perfectionniste.
Ainsi, la dépression devient symptôme.

Il faut aussi comprendre par là que la skizophrénie, les psychoses, affectent nos pensées.
En effet, si une personne dit et pense "Je suis laide", je suis la plus laide au monde", "je pense que les gens me volent mes pensées", comment va-t-elle se sentir par rapport à ces choses là?

Cette personne va donc être déprimée car ses croyances lui font mal.

Il faut ainsi comprendre que les croyances sont là incroyablement affectées et que ces croyances affectent l'humeur.

Nous sommes donc amenés à nous demander si nous sommes capables d'être déprimés et optimistes en même temps.

Cela ne marche pas puisque la personne déprimée va toujours avoir une vue négative. C'est comme un filtre qui nous donne cette vue négative de nous-même : "je ne suis bon à rien", "lorsqu'il y a du monde autour de moi, tout me dérange", "je vois la guerre, la maladie et l'avenir négatif". Les personnes déprimés ont cette tendance à penser négativement à l'avenir, à mal se juger, à juger les autres.
Ainsi, je ne peux pas être optimiste et déprimé à la fois, en même temps, c'est incompatible !

Donc, la dépression a une tendance à s'auto nourir. Plus la personne pense et juge : "qu'est-ce qui ne va pas en moi, que dois-je faire demain si mon état continue d'empirer ?", plus l'humeur et les pensées sont liées.

Il faut donc changer cet état d'être par la méditation, par les thérapies pratiquées par des thérapeutes formés aux thérapies intégratives.
la dépression n'est donc pas un "mal-être" existentiel, ni un "coup de déprime".

En effet, le fait de se sentir triste, d'être « déprimé », d'avoir des « idées noires » ou d'avoir des difficultés à s'endormir ne veut pas forcément dire que l'on souffre de dépression et les moments de cafard, de « blues », de doute ou de questionnement font partie de la vie.
Au fil du temps et des événements, chacun de nous expérimente toute une série de choses, d'évènements, de sentiments du plus triste au plus optimiste.

À l'intérieur de cet ensemble d'émotions, la tristesse, le découragement, le désespoir représentent des expériences humaines normales et ces variations et ces baisses de l'humeur ne doivent pas être confondues avec ce qu'éprouve une personne dépressive, donc avec la dépression.

Pour pouvoir parler de dépression, et donc de maladie, il faut plusieurs facteurs simultanés :

- perturbations de l'humeur **multiples** et **bien caractérisées** ;

- manifestées **de façon presque permanente** durant une **période supérieure à deux semaines** ;

- qu'elles entraînent **une gêne importante** dans un ou plusieurs domaines de la vie quotidienne : difficulté ou incapacité de se lever, d'aller à son travail, de sortir faire ses courses.

Nous vérifions ainsi que la dépression est une maladie qui entraîne des souffrances et des gênes au quotidien.

Nous pouvons avoir cette impression de connaître cette maladie sans pour autant en avoir jamais été atteint et l'explication est simple ; en effet, parmi toutes les émotions et les sensations que nous éprouvons dans la vie, certaines sont si douloureuses, que nous diagnostiquons trop vite qu'être dépressif revient à ressentir plus intensément et longuement ces souffrances. Bien sûr, tout cela peut nous inciter à croire que nous pouvons facilement comprendre la dépression et ce que vit une personne dépressive.

Que nenni, la réalité est différente. En effet, avant leur entrée dans la dépression, les personnes souffrant de cette maladie pouvaient ressentir, elles aussi, un grand choix d'émotions, agréables ou douloureuses et les personnes dépressives témoignent que leur état, au cours de la dépression, est très différent de tout ce qu'elles avaient vécu auparavant.

Les émotions éprouvées, les idées qu'elles ont, sont envahies d'une telle souffrance morale constante, qu'elles sont plus intolérables que toute autre souffrance déjà supportée et les personnes se sentent coupées de leur famille, amis et relations c'est-à-dire du monde ; ainsi l'état dépressif est accompagné d'un changement profond, d'une rupture sociale totale.

L'état dépressifs présente trois principaux caractères.

Nous pouvons constater une tristesse qui n'est pas habituelle chez le patient. Elle est très différente d'une tristesse dite "normale" puisqu'elle est puissante, non causale. Accompagnée d'angoisse, cette tristesse lui semble inéluctable.

Ensuite, la personne présente une perte d'intérêt et de plaisir pour tous les actes de la vie ;
Enfin, la vie du patient est gravement perturbée par cette association de plusieurs symptômes.
La dépression en chiffres

En france, la dépression est l'une des maladies psychiques les plus répandues, selon une enquête réalisée en 2005 par l'Inpes :

- 8 % des Français de 15 à 75 ans (soit près de 3 millions de personnes) ont vécu une dépression au cours des douze mois précédant l'enquête ;

- 19 % des Français de 15 à 75 ans (soit près de 8 millions de personnes) ont vécu ou vivront une dépression au cours de leur vie.

La dépression est une maladie qui semble toucher davantage les femmes puisque deux fois plus de femmes sont diagnostiquées dépressives.

LES SYMPTÔMES DE LA DÉPRESSION

Comme nous l'avons plus haut, la dépression entrave la vie quotidienne du patient du fait d'une diminution "d'énergie" dans tous les actes de la vie : vie affective, vie intellectuelle, forme physique, l'ensemble des fonctionnements vitaux et corporels.

La dépression peut ainsi toucher chacun d'entre nous, quels que soient notre âge, notre sexe, notre niveau social et intellectuel et n'est pas une faiblesse caractériel ou une fatalité. Comme la maladie provoque un sentiment de dévalorisation de soi et des pensées négatives durables, seule la volonté ne peut suffir à sortir de cet état dépressif.

Cette diminution d'énergie présente plusieurs symptômes durables c'est-à-dire de plus de quinze jours.

Certains de ces symptômes doivent être reconnus pour faire le diagnostic sans pour autant quils ne soient tous ressentis par une même personne.

Tout d'abord, le patient se sent fatigué, à bout de force, physiquement, sans avoir fait d'efforts particuliers et il éprouve constamment un manque d'énergie.

Cette fatigue dépressive ne peut être soulagée ni par le repos, ni par le sommeil.

Cette sensation constante de manque d'énergie s'ajoute à la douleur physique et morale.

Le patient ressent un profond découragement.

Ensuite, la dépression ralentit tous les gestes de la vie quotidienne et le patient ressent un ralentissement général ce qui lui demande des efforts et de plus en plus de temps pour accomplir les tâches quotidiennes. Il n'a plus de force et toutes ses émotions, ses pensées et ses actions sont comme « summergées" par la maladie.

Même les expressions du visage sont diminuées, laissant à-paraître dans l'indifférence et son langage est ralenti et la parole est traînante et le patient se sent ainsi dans l'incapacité de réagir.

Certaines fonctions du corps peuvent également être ralenties comme par exemple la digestion.

Le témoignage d'une patiente "B" : "je reste des journées sans rien faire, laissant la télévision allumée sans y avoir un quelconque intérêt, je suis tout le temps angoissée et je reste des journées sans rien faire ; c'est le vide, j'ai envie de pleurer sans raison apparente".

Il convient aussi de différencier l'anxiété, les troubles anxieux, la dépression et de les distinguer.
Nous avons tous de l'anxiété.

Nous pouvons nous demander pourquoi nous vivons de l'anxiété, pourquoi nous vivons de la douleur.
Je serais tentée de vous demander : "Aimez-vous la douleur ?"
Et si vous répondez "OUI", je vous répondrais : "Nous pouvons nous revoir (Y. GARIBALDI, Psychanalyste : 06 21 45 97 28).

Car la douleur nous protège contre le dommage physique.

En effet, si je sens les moins trente degrés en Janvier, les mains me font mal et je vais donc les protéger.

Si les mains ne me font pas mal, je ne vais pas les protéger.

Aussi, pour l'anxiété, c'est la même que pour les dangers.

L'anxiété vous dit qu'il y a un danger, alors protégez-vous !

C'est aussi simple que cela, nous avons tous besoin de cela, de l'anxiété, nous nous référons à l'anxiété ; ainsi, c'est une lutte, un combat ou une fuite.

Ainsi, l'**anxiété** est une émotion très proche de la peur, qui existe chez tout être humain.

L'anxiété dite "adaptive" correspond à une nécessité permanente de s'adapter aux problèmes de la vie.

L'anxiété "dite existentielle" correspond aux interrogations que chaque individu porte sur le monde.

Cest deux types d'anxiété sont donc humaines.

Evidemment, quand nous sommes constamment préoccupés par la peur ou quand le fonctionnement est atteint, (le diagnostic Psycha : manuel), c'est-à-dire lorsque l'anxiété est extrême je lui donne une appellation juste pour nous accorder là-dessus car je n'ai pas quelque chose que je puis mesurer avec un test sanguin.

Parfois l'anxiété devient une maladie lorsque différents symptômes sont asociés.

Ce sont des symptômes psychologiques, physiques et comportementaux qui engendrent des souffrances et des gênes très importantes dans les actes de la vie quotidienne.

On parle alors de troubles anxieux qui regroupent l'ensemble des troubles mentaux dans lesquels existent des peurs irrationnelles et invalidantes et qui sont donc des sources de gênes et de souffrances.

Tout d'abord, dans ces peurs, nous pouvons reconnaître les phobies. Ce sont des peurs déclenchées par des objets ou des situations inoffensifs et extérieurs à la personne comme la phobie de la foule ou de l'ascenseur.

Il y a aussi les phobies sociales. Ces personnes ont plus peur des jugements des autres et cela peut être extrême. Elles ne veulent pas, par exemple, signer devant quelqu'un car elle ont peur de trembler, peur de manger la soupe ou de boire de l'eau devant les autres.

Ensuite, nous pouvons observer des obsessions (des TOC). Ce sont des peurs émanant des pensées, des idées de la personne car elles sont obsédées par certaines choses et elles ont tellement peur soit d'une maladie ou de leurs propres pensées, qu'elles vont essayer de les contrôler d'une façon excessive.

Elles mesurent, elles-mêmes, cependant, le caractère absurde de ces peurs comme l'obsession des microbes ou de la saleté, de la symétrie des objets sur un meuble, du parfait alignement des tableaux sur un mur, de la vérification incessante de la fermeture du gaz, ou de la fermeture de la porte d'entrée de la maison.

IL y a aussi les peurs panique, la panique. Il peut s'agir de l'agoraphobie, cette peur constante que quelque chose peut leur arriver alors qu'ils sont chez eux en sécurité, qu'ils sont prêt des hôpitaux. C'est une peur extrême, qui surgit brutalement, sans facteur extérieur déclenchant, avec, quelque fois, une impression de mort proche.

Enfin, la peur d'avoir peur est de l'anxiété généralisée. Le patient est dans un souci constant et excessif qui l'invalide.

En effet, les attitudes affectent aussi les interprétations de nos réactions physiques et de ce qu'elles signifient.

Nous les appréhendons, ici même, à la peur d'avoir peur.

Ainsi, les personnes ont tendance d'appréhender que cela va arriver.

Alors, ils n'ont plus peur, par exemple, seulement de l'ascenseur.

Ils ont aussi peur de leur réaction et ils commencent donc à éviter les endroits où les réactions peuvent arriver.

Ils ont peur des malheurs comme la mort, le dommage physique, de devenir fou, de la perte de réalité. Ils croient qu'ils vont perdre le contrôle de leur esprit ou de leurs gestes. Ils pensent qu'ils vont faire des choses contre leur gré ou qu'ils vont blesser quelqu'un qu'ils ne veulent pas blesser.

Ils ont aussi peur d'avoir l'air ridicule devant les autres mais cela est presque une phobie.
Ils ont donc peur de perdre le contrôle.

Cela démontre que la dépression et les troubles anxieux sont deux maladies psychiques différentes, même si elles ont parfois des symptômes similaires, comme la difficulté à s'endormir, à s'alimenter et à réfléchir, même si certains signes d'anxiété peuvent être présents en cas de dépression.

Afin de mettre en place les différents traitements médicaux et les différents traitements psychothérapeutiques, la distinction entre ces deux pathologies est fondamentale.

<u>Dans la dépression, la vie affective est touchée et le patient a le sentiment d'"être à plat".</u>

La personne ressent une immense tristesse.

Dans la dépression, cette tristesse est particulièrement douloureuse, incompréhensible et envahissante, souvent accompagnée de pleurs sans motif et d'un sentiment de désespoir.

<u>Dans la dépression, le patient ressent une incapacité à éprouver du plaisir.</u>

Ainsi, les personnes qui souffrrent de dépression même les petits plaisirs de la vie comme écouter de la musique, voir ses amis, lire son journal, finissent par disparaître, l'isolant du reste du monde.

Pour le dépressif, le monde est terne, sans intérêt et tout lui semble pareil et pour lui, la vie a perdu son sens, sa saveur, sa couleur.

<u>Dans la dépression, le patient a une hypersensibilité émotionnelle.</u>

En effet, les personnes dépressives ont une sensibilité exhacerbée.

Elles réagissent avec une grande sensibilité aux situations de la vie quotidienne comme s'il manquait un « espace tampon », comme si elles étaient sans protection entre elles et leur environnement.

Elles éprouvent la sensation d'être vides, sans pouvoir ressentir d'émotions. Un véritable paradoxe entre cet état d'hypersensibilité et cet état d'endormissement, de léthargie.

<u>Dans la dépression, le patient a des impressions d'abandon, d'inutilité, de solitude.</u>

Ces impressions correspondent au sentiment de ne pas être aimé des autres, de n'avoir rien à dire qui puisse les intéresser.

Ainsi, l'anxiété, les troubles anxieux et la dépression renvoient à deux maladies différentes mais il faut retenir que l'anxiété est un symptôme fréquent en cas de dépression.

En psychothérapie, nous voyons bien que cette peur, sans cause apparente, s'exprime dans le corps par une boule dans la gorge, par une gêne pour respirer, par des douleurs notamment dans le ventre mais cette peur s'exprime aussi dans la tête par une peur « flottante », par des ruminations, par un sentiment de catastrophe imminente.

Un patient, J. s'exprime à ce sujet : « j'avais peur, je me sentais perdue, je me liquéfiait, perdant tous mes moyens, sans pouvoir réfléchir. Quand je voulais dire ou demander quelque chose je ne savais pas par quoi commencer, je ruminais un scénario plusieurs fois sans pouvoir me lancer. J'étais perdue, je n'avais plus d'énergie, ni de force, rien que de la peur. ».

La Dépression fait courir un risque de suicide.

En effet, la dépression est la première cause de suicide en France et près de 70 % des personnes qui décèdent par suicide souffraient d'une dépression, le plus souvent non diagnostiquée ou non traitée.

Chez les personnes dépressives, les idées de suicide sont fréquentes et elles font partie des symptômes de la maladie.

Ces ides de suicide doivent être prises au sérieux et elles méritent dans tous les cas d'être signalées à un professionnel de santé pour que le patient puisse en parler et ensuite pour les désamorcer.

Il est important de savoir que les personnes suicidaires ne veulent pas nécessairement mourir. Elles veulent mettre fin à une souffrance qui leur est devenue insupportable. De plus, la majorité des personnes envahies par des idées de suicide ne font aucune tentative. Cette crise est évidemment une période critique, marquée par un envahissement des émotions, par de grandes difficultés pour se concentrer, par le sentiment profond d'avoir tout essayé et que rien ne marche pour être soulagé et la sensation d'impuissance est exacerbée. Cette crise est souvent précédée de plusieurs stades ou paliers.

Ce processus suicidaire est complexe.

La personne a d'abord des « flashs » c'est-à-dire des visions brèves qui donnent l'impression de devenir fou, suivis d' idées de suicide plus ou moins fréquentes et intenses contre lesquelles le patient va lutter mais qui peuvent l'envahir.

Le patient présente alors des risques de passer au stade de l'intention c'est-à-dire de la prise de décision, ensuite au stade de la planification donc de recherche du moyen, du lieu, des circonstances et du moment, pour passer au stade de la mise en acte de son suicide, processus jamais inéluctable pusqu'il peut être arrêté à tout moment. Aussi, en parler à un professionnel de santé est impératif et il est possible de se rendre à toute heure du jour ou de la nuit aux urgences de l'hôpital le plus proche, ou encore d'appeler un centre d'appel spécialisé ou de se rendre dans un Centre d'Accueil.

La personne dépressive voit tout en noir, même dans son fonctionnemment intellectuel.

Il devient difficile de réfléchir, de trouver les mots, de parler avec fluidité dans les cas de dépression ; la personne ressent un ralentissement intellectuel et a une impression de tête vide, que le monde est devenu trop compliqué, qu'elle ne parviendra pas à s'y adapter, à y faire face. Il lui faut faire des efforts considérables pour accomplir des tâches qu'elle effectuait auparavant naturellement, sans devoir y penser.

De plus, pour fixer son attention ou ne pas se laisser distraire, pour retenir ce qu'on vient de lui dire, devient très difficile. Elle ressent une diminution de l'attention, de la concentration et de la mémoire. Toutes les tâches sont devenues trop difficiles pour elle car elle souffre de dépression.

Le patient qui souffre de dépression se dit "bon à rien" ; il se juge sans valeur ; il se sent responsable des événements pénibles de sa vie et de toutes les émotions désagréables qu'il ressent. Cette sensation, pour lui, semble définitive et c'est pourquoi il lui est difficile de demander de l'aide. Il croit qu'aucun traitement ne peut changer son état. Le patient se dévalorise et reste dans la culpabilité.

La personne analyse les événements de sa vie et les opinions des autres toujours négativement. Ces pensées négatives qui tournent en boucle et ce pessimisme continuel retentissent donc sur les proches et finissent par les décourager.

Le patient pense sans cesse à sa mort, à celle de ses proches ou la mort en général. Ces pensées autour de la mort sont liées au sentiment d'inutilité et à la perte de plaisir déjà cités plus haut.

Ces idées noires, élaborées par la dépression, disparaissent à la guérison de la maladie. Dans tous les cas, ces idées de suicide doivent être signalées à un professionnel de santé : Psychanalyste.

Aussi, cette dépression provoque un dérèglement dans tous les mécanismes du corps et le patient a du mal à s'endormir, a un mauvais sommeil, moins profond, très court et très peu réparateur. Il se réveille tôt le matin, sans pouvoir se rendormir. Il est dans une grande souffrance morale. D'autres patients dorment trop, c'est trop en excès ; il s'agit là de sommeil refuge, sommeil insatisfaisant et abrutissant. C'est la "fuite".

De plus, le patient n'a pas beaucoup d'appétit, les aliments lui semblent sans goût, l'assiette lui paraît trop remplie. La préparation des repas devient donc une corvée. Les horaires sont irréguliers, et les repas sont déséquilibrés. On constate une altération de l'appétit et une perte de poids, signes important pour diagnostiquer la dépression. On peut cependant parfois observer une augmentation de la prise d'aliments sucrés qui conduit à une prise de poids importante.

En outre, la sexualité est une fonction à la fois très biologique et très relationnelle, très intime. Ces trois deux dimensions, perturbées dans la dépression, on comprend que la vie sexuelle du patient soit affectée. Il rencontre donc des problèmes sexuels. Ainsi, le désir sexuel du patient peut disparaître et son plaisir s'effacer. La réalisation de l'acte sexuel devient alors très difficile. Aussi, le conjoint se sent délaissé, ce qui amplifie la tension dans la vie relationnelle du couple.

Enfin, la dépression s'accompagne souvent de douleurs, de maux de tête, de souffrances dans les articulations, de problèmes digestifs, de maux de ventres accompagnés de dérèglements des fonctions du corps et de certains indicateurs : perturbation ou interruption des règles, tension artérielle, palpitations.

Les conséquences de ces symptômes dépressifs sur le fonctionnement quotidien de la personne sont donc considérables. Toutes les relations sont affectées : au sein du couple et de la famille, dans le milieu professionnel, avec les amis et même si les symptômes sont bien présents, la personne souffrant de dépression a bien du mal à les repérer. Leur repérage est difficile à juger par soi-même, difficile à juger de son propre état psychologique. Le patient considère souvent ces symptômes comme normaux car il les attribue à une difficulté momentanée dans sa vie. L'évaluation par un professionnel de santé est donc indispensable.

Si vous vous posez des questions, si vous pensez avoir repéré plusieurs de ces symptômes, chez vous ou chez un de vos proches, la liste de questions, posées par le psychanalyste, peut vous aider à faire plus précisément le point avant d'aller consulter un médecin.
Il existent plusieurs formes de dépressions.
L'épisode dépressif caractérisé est la forme la plus fréquente.
La dépression se manifeste le plus souvent sous forme d'épisodes ; on parle alors d'épisode dépressif caractérisé ou d'épisode dépressif majeur.

Ainsi, le diagnostic d'épisode dépressif caractérisé est posé lorsque l'épisode dépressif dure suffisamment longtemps c'est -à-dire plus de quinze jours, lorsque durant cette période, chaque jour et pendant la plus grande partie de la

journée, la personne dépressive se sent triste, sans espoir, a perdu ses centres d'intérêt, lorsque cet état de souffrance profonde est associé à de nombreux autres symptômes décrits plus haut (au moins 4), qui ont des répercussions au niveau affectif, social, professionnel ou dans d'autres domaines importants de la vie.

L'épisode dépressif peut être plus ou moins sévère et il existe différentes formes de dépression.

Suivant le nombre et l'intensité des symptômes, la dépression sera plus ou moins sévère et la vie quotidienne plus ou moins perturbée. Dans les épisodes les plus graves, tous les types de symptômes sont présents et leurs effets dans la vie de tous les jours sont considérables. Les incapacités et les perturbations relationnelles, professionnelles et sociales deviennent nombreuses. Dans les cas les plus graves, la personne ne parvient plus à prendre soin d'elle-même. Se nourrir, s'habiller seule, conserver un minimum d'hygiène personnelle devient impossible. Elle peut vouloir mourir et peut tenter de mettre fin à ses jours.

L'épisode dépressif peut être associé à certaines périodes de la vie ou de l'année

l'épisode dépressif peut survenir régulièrement à des moments bien particuliers de l'année, suivant les saisons, apparaître par exemple chaque hiver pour disparaître au printemps. Il s'agit d'épisodes de type saisonnier.

Après une maternité, c'est une période à risque pour la dépression.

L'épisode dépressif post-partum, après l'accouchement, n'est pas un "baby blues". Il se caractérise par le sentiment d'être débordée, de ne pas comprendre les demandes de son bébé. C'est est un moment de doute passager qui se produit chez beaucoup de femmes, quelques jours après l'accouchement, (presque 50 % des femmes) et qui est facilement surmontable.

L'épisode dépressif du post-partum est une véritable dépression qui répond à tous les critères de la maladie par sa durée, ses symptômes, ses conséquences et qui débute dans le mois qui suit l'accouchement.

Quant au deuil, au cours des semaines qui suivent la perte d'un être cher, il est courant de ressentir des symptômes dépressifs. Ils font partie du processus normal de deuil.

Il convient d'avoir recours à un psychothérapeute ou à un psychanalyste ou un professionnel de santé ou à toute autre personne pour en parler afin d'atténuer la souffrance, la douleur du deuil. Mais le recours au professionnel de santé pour une prise en charge spécifique devient absolument nécessaire si les symptômes persistent sur une longue durée de plus de deux mois ou si ces symptômes sont particulièrement envahissants.

Mais les patients se demandent si ils sont déprimés ou dépressifs et les caractéristiques de l'épisode dépressif peuvent varier en fonction de l'âge

Chez les enfants et les adolescents, je retrouve les principales caractéristiques de la dépression de l'adulte. Cependant, les symptômes dépressifs peuvent être spécifiques à ces tranches d'âge.

En effet, chez l'enfant, la dépression peut se manifester à travers des comportements de retrait, d'absence ou inversement d'irritabilité, voire d'agitation. Seule une écoute attentive, une écoute imaginaire et avertie de l'enfant par un professionnel : Psychanalyste, pourra la mettre en évidence.

Quant à l'adolescent, la dépression peut se manifester au travers de comportements nuisibles pour leur santé comme par l'abus d'alcool, de drogues, de médicaments : anxiolytiques, hypnotiques, états d'agitation, violence verbale ou indifférence apparente. Les traitements de la dépression de l'enfant et de l'adolescent sont spécifiques.

La dépression chez les adolescents est abordée dans plusieurs ouvrages, dont celui de Philippe Jeammet, Réponses à 100 questions sur l'adolescence, Paris, Éditions Solar, 2002

Pour les personnes âgées, la dépression et le risque suicidaire ne les épargnent pas, bien au contraire.

Les symptômes de la maladie sont très semblables chez les personnes âgées à ceux qu'on peut trouver chez les adultes plus jeunes mais le diagnostic de la maladie peut être plus difficile, en raison de la diminution de l'activité physique et parfois intellectuelle. Cependant, être triste ou pessimiste ne doit pas être considéré comme normal parce qu'on est âgé et le traitement est aussi nécessaire et efficace à cette période de la vie que plus tôt. Il est donc indispensable de soigner ces personnes âgées.
Afin de se sortir de cette dépression, il convient d'en savoir plus

La durée d'un épisode dépressif est variable. Elle peut aller de quelques semaines à plusieurs mois, voire plusieurs années. La plupart des épisodes dépressifs durent moins de six mois. Une guérison est possible, mais le risque de réapparition des symptômes est important. Une guérison totale avec disparition de tous les symptômes et durable est possible. Mais le risque de réapparition de la maladie après guérison totale est très important (dans plus de 50 % des cas). La réapparition des symptômes peut intervenir longtemps après le premier épisode après une rémission (interruption) totale de plusieurs années. Elle peut intervenir aussi plus régulièrement avec une rémission partielle entre les épisodes. Dans certains cas, les périodes de rémission entre les épisodes peuvent devenir de plus en plus courtes.

Cependant, lorsque la personne bénéficie de traitements et d'un suivi adaptés, le risque de réapparition des symptômes et de la souffrance sont très largement diminués. C'est la raison pour laquelle une prise en charge précoce de la maladie est primordiale.

Lorsque vous entendez une personne vous dire :

"J'ai mal au ventre, à la tête, je ne peux plus manger, je ne peux plus sortir dans la rue, je ne peux plus parler à personne, je hais tout le monde, même mes enfants. »

alors il est temps de consulter un psychanalyste, dès le début de ce mal être.

<u>Mais quand la dépression s'installe dans le temps, il s'agit d'une dépression chronique.</u>

Qand la période dépressive s'étend sur plusieurs années, il faut parler de dépression chronique ou lorsque les symptômes sont un peu moins nombreux et un peu moins intenses, de dysthymie. Les personnes souffrant de dysthymie sont tristes en permanence.

Les symptômes les plus fréquents sont une diminution d'intérêt et de plaisir qui provoquent une gêne ou un handicap dans la vie quotidienne ; des sentiments d'insuffisance, d'impuissance, de culpabilité ou des ruminations à propos du passé, de l'irritation ou des colères excessives.

La personne qui souffre de dysthymie s'efface, se retire des activités sociales et au travail, elle présente une diminution d'activité, d'efficacité et de productivité.

Avec les années, ces troubles deviennent comme partie intégrante de sa vie et parfois même de sa personnalité. Elle dit : "J'ai toujours été comme ça "ou "Je suis comme ça" . Le psychanalyste, et même la famille de ce patient, peuvent courir le risque d'être dans la confusion entre fonctionnement habituel et dysthémie.

Cette maladie commence souvent de façon discrète et précoce dès l'enfance, à l'adolescence ou au début de la vie adulte et sa sévérité risque de s'accroître avec les années si elle n'est pas traitée.

Une forme de dépression alterne entre dépression et surexitation : ce sont les troubles bipolaires.

Des épisodes dépressifs peuvent aussi survenir dans le cadre d'un trouble de l'humeur appelé trouble bipolaire ou maladie maniacodépressive. Cet épisode dépressif peut précéder ou suivre un épisode maniaque alternant entre période de surexcitation et période d'euphorie excessive qui est une forme inversée de la dépression. Au cours d'un tel épisode, le ralentissement dépressif est remplacé par de l'excitation et de l'agitation ; le pessimisme et la tristesse ont laissé place à un optimisme irréaliste et une familiarité déplacée. Le patient est envahi par un besoin excessif de parler et de bouger.

Elle ne ressent plus le besoin de dormir et peut dans certains cas avoir des idées délirantes (par exemple, qu'elle est invincible, qu'elle a des pouvoirs extraordinaires…). Cet état provoque des conduites insouciantes ou irresponsables par exemple des dépenses excessives.

L'épisode maniaque n'est pas à prendre à la légère car c'est une urgence psychiatrique. La personne fait courir des risques à elle-même et aux autres. Afin de la protéger des actes inconsidérés que le patient pourrait commettre, il peut être demandé une sauvegarde de justice, temporairement. Le traitement de cette maladie chronique est très spécifique, très différent du traitement de la dépression.

La dépression peut être accompagnés de troubles.

En effet, la dépression est parfois associée à d'autres troubles.

Ainsi, la dépression peut avoir des liens avec d'autres maladies, psychologiques ou physiques.

Il s'agit de troubles anxieux et généralement l'existence d'un trouble anxieux précédant ou associé à la dépression accroît la sévérité de la dépression ainsi que le risque que celle- ci survienne.

En outre, à la dépression peut s'associer l'alcoolisme, la dépendance à certains médicaments : anxiolytiques ou hypnotiques, et l'abus de substances psychotropes comme le cannabis, l'ectasy, la cocaïne. Les patients dépressifs sont parfois tentés d'abuser de ces substances afin d'apaiser leur angoisse.

De plus, l'association d'un trouble dépressif à une maladie physique grave ou chronique telles le diabète, le cancer, l'accident vasculaire cérébral, rend le diagnostic et le traitement de la dépression plus difficiles ; en effet, les symptômes de la dépression sont souvent sous estimés et attribués à l'autre maladie (diabète, cancer, avc).

Quelles sont les origines de la dépression ?

Devant un patient face à une dépression, nous recherchons les origines de la maladie. Pour expliquer cette pathologie, le patient se pose les premières questions : "Pourquoi moi ? Que s'est-il passé ? À quoi est due cette dépression ? Qu'ai-je fait pour être dépressif ?" Son besoin de comprendre, de donner un sens à ce qui lui arrive est un processus naturel, surtout lors d'expériences douloureuses. Il a souvent recours à des explications apparemment vraisemblables. Alors, Il évoque des causes externes. Il invoque les problèmes au travail, pense que son état s'améliorera lorsqu'il n'aura plus de problèmes financiers, affirme que pour ne plus se sentir seul, il a besoin de rencontrer quelqu'un ou il accuse des causes internes et pense que c'est de sa faute, qu'il n'est bon à rien, qu'il n'a jamais de réussite comme les autres.

En fait, ces interprétations sont le plus souvent très éloignées de la réalité de la dépression et elles sont même un frein au processus de soin et de guérison. En effet ces interprétations retiennent le patient à consulter un médecin.

Aussi, la dépression ne provient pas d'un facteur unique, comme dans presque toutes les maladies psychiques mais elle est le résultat d'un ensemble de mécanismes de diverses natures, aujourd'hui encore imparfaitement connus.

Nous reconnaissons habituellement les éléments biologiques, psychologiques et environnementaux c'est-à-dire liés à l'environnement social ou familial. Certains de ces éléments interviennent très en amont de la dépression, préparant ainsi le terrain. Nous parlons alors de facteurs de risque ou de facteurs de vulnérabilité. Ainsi, le fait d'avoir des parents dépressifs augmenterait le risque d'être touché par la maladie.
En outre, le fait de vivre des événements de vie traumatisants ou des conflits parentaux importants pendant la petite enfance serait associé à un risque accru de

dépression durant toute notre existence.

Mais d'autres éléments interviennent juste avant la dépression, éléments qui la déclenche. Ce sont les facteurs précipitants : les facteurs biologiques. En effet, la survenue des symptômes de la dépression est liée à une perturbation du fonctionnement cérébral. C'est bien le fonctionnement du cerveau qui est atteint et non sa structure. Cet élément est très important car cette distinction permet de comprendre que cette maladie, cette dépression est réversible. En fait, ce dysfonctionnement du cerveau se traduit, notamment, par des anomalies dans la fabrication, la transmission et la régulation de certaines substances chimiques que sont les neuromédiateurs, aussi appelés neurotransmetteurs. Aujourd'hui encore, il est difficile de savoir à l'heure actuelle si ces anomalies sont la cause initiale ou bien la conséquence de la dépression mais la correction et la restauration du bon fonctionnement des neuromédiateurs sont fondamentaux. C'est donc la principale fonction des médicaments antidépresseurs.

Ce qui est important, c'est que nous savons, aujourd'hui, que la psychothérapie, la psychanalyse amènent ce type d'amélioration biologique si le déréglement initial est modéré. La prise en charge dès le début des premiers symptômes est donc primordiale.

Si le patient se réveille la nuit, n'arrête plus de penser : pense en boucle et n'arrive plus à se rendormir, nous parlons alors de facteurs psychologiques de la dépression. En effet des mécanismes psychologiques très particuliers sont aussi engagés dans la dépression ; le patient a des sentiments de perte, vit des conflits moraux, a des croyances négatives et une mauvaise estime de lui-même et verbalise qu'il ne peut rien faire de bon, qu'il ne vaut rien ; ces mécanismes trouvent leur origine dans l'enfance du patient, dans qualité des toutes premières relations avec les parents

En effet, ces relations ont été plus ou moins bonnes et les premières expériences de l'enfance ont été associées à un sentiment de perte, de solitude, d'impuissance, de culpabilité ou de honte ou d'abandon. D'autres expériences peuvent aussi être liés à des éléments plus actuels comme les traumatismes, les deuils liés à la perte soit d'une personne, soit d'un idéal, soit d'une image de soi. Ainsi, certaines personnes qui souffrent de dépression expriment des croyances étant sûr qu'elles sont incapables ou indignes de faire certaines choses dans leur vie, sont pessimistes à la fois pour le monde qui les entoure, pour leur famille et pour elles-mêmes. Chez ces patients, certains événements de la vie quotidienne peuvent déclencher forcément des pensées dépressives, sans qu'il leur soit possible de faire appel à d'autres expériences plus positives car ces évènements sont analysés sous leur angle le plus négatif par la personne dépressive.

Certains styles de comportements tant intellectuel, qu'émotionnel et relationnel ainsi que certains modes de défense psychologiques, peuvent favoriser l'émergence et le maintien d'une dépression. Comme je le démontrerai plus loin, c'est en agissant sur ces mécanismes psychologiques problématiques que la psychothérapie et la psychanalyse interviennent sur la dépression.

B. me confie dans mon Cabinet : "Je me réveille soudain la nuit, et je me mets à penser sans pouvoir m'arrêter. Je n'arrête plus de penser, sans arrêt. Je ne peux donc plus me rendormir. C'est infernal."

La dépression est également liée à l'environnement social et familial. En effet, certains événements de la vie sont très perturbants. De plus, un stress excessif et permanent peut favoriser l'apparition d'une dépression comme la mort d'un être cher, une rupture affective, la perte de son travail, la maladie, des conflits familiaux ou sociaux et d'autres évènements de la vie. En plus de ces facteurs précipitants et de ces facteurs de risque, la présence ou l'absence de facteurs de protection dans l'environnement de la personne peut aussi avoir une incidence sur la dépression. Par exemple, la présence de personnes proches aimantes, réconfortantes et valorisantes, l'engagement dans des activités personnelles intéressantes peuvent protéger de la dépression mais aussi en favoriser la guérison. Contrairement, l'absence de ces éléments peut faciliter l'apparition ou même la réapparition de la dépression.

Cependant pour diagnostiquer une déprime ou une dépression, quelques questions sont à se poser pour faire le point en consultant un médecin, un psychanalyste.

Si vous vous demandez s'il est possible que vous ou quelqu'un de votre famille soyiez actuellement dépressifs, certaines questions peuvent vous aider à faire le point, vous indiquer si cela est possible ou non ; cependant, ces questions ne peuvent vous apporter de certitude absolue. C'est un professionnel de santé, habilité à établir un diagnostic de dépression, qui pourra ainsi vous diagnostiquer de façon précise.

A l'instar d'autres maladies, le diagnostic de la dépression est une procédure complexe qui nécessite de prendre en compte l'ensemble des symptômes, de la situation de la personne, de ses antécédents, de sa personnalité, de son environnement social et familial. L'analyse réalisée par un Psychanalyste permet de contacter l'ensemble de ce processus. Comme nous l'avons déjà vu, certains symptômes attribués dans un premier temps à la dépression peuvent, en fait, être dus à une autre maladie. À l'inverse et à tord, certains symptômes dus à la dépression peuvent nous faire croire à l'existence d'une autre maladie. Seul un professionnel de santé compétent sera capable d'aclairer le patient et de poser le bon diagnostic. Sur la base de ce diagnostic, nous pouvons définir avec lui ou avec d'autres professionnels de santé le traitement le mieux adapté à sa situation et la mise en oeuvre d'une psychothérapie en fonction de l'analyse.

<u>Pour se sortir de la dépression, il convient de se poser les bonnes questions.</u>

Depuis au moins quinze jours, presque chaque jour, presque toute la journée, est-ce que j'éprouve une tristesse inhabituelle, très douloureuse qui perturbe ma vie au quotidien ?

Depuis au moins quinze jours, presque chaque jour, presque toute la journée, ai-je perdu tout intérêt pour la plupart des choses, pour les actes courants de la vie, pour les loisirs, pour le travail, pour les activités qui, d'habitude, me plaisent ?

Si vous n'avez vécu aucun de ces deux états, il est peu probable que vous traversiez une période de dépression mais si vous vivez depuis au moins 15 jours l'un de ces états ou les deux, il convient de poursuivre votre questionnement ci-dessous.

Depuis au moins quinze jours, presque chaque jour, presque toute la journée, vous êtes vous senti épuisé ou sans énergie ?

Depuis quinze jours, avez-vous pris ou perdu du poids sans le vouloir : au moins 5 kgs ?

Depuis au moins quinze jours, presque chaque nuit, avez-vous rencontré des problèmes de sommeil avec des difficultés à rester endormi, des réveils la nuit sans pouvoir vous rendormir, des pensées tournant en boucle la nuit, des réveils très tôt le matin ou, au contraire des excès de sommeil avec une envie permanente de dormir ?

Depuis au moins quinze jours, presque chaque jour, presque toute la journée, avez vous senti un ralentissement dans vos actes, vos actions plus que d'habitude lorsque vous parlez ou lorsque vous vous déplacez ; inversement, avez-vous été beaucoup plus agité ou plus nerveux que d'habitude ?

Depuis au moins quinze jours, presque chaque jour, presque toute la journée, avez vous observer un manque de concentration ?

Depuis au moins quinze jours, presque chaque jour, presque toute la journée, avez-vous ressenti être sans aucune valeur, être bon à rien ?

Depuis au moins 15 jours, presque chaque jour, presque toute la journée, avez-vous beaucoup pensé à votre mort, à la mort de vos proches, à la mort de quelqu'un d'autre ou la mort en général ?

Ainsi, Lorsque vous observez chez vous plusieurs de ces symptômes, ceci constitue un signal d'alerte qui doit vous encourager à en parler avec un psychanalyste.

Cependant, ne confondons pas déprime et dépression !

En effet, le terme dépression n'est pas vulgvarisé. Comme nous l'avons déjà vu, pour diagnostiquer une dépression, il faut une association de plusieurs symptômes spécifiques générant une souffrance importante, inhabituelle, qui se manifestent depuis au moins quinze jours, presque chaque joyur et presque toute la journée.

Il a été constaté que près de 8 % de la population présente, sur une période de 12 mois un épisode dépressif, d'intensité variable. Cela signifie que 92 % de la population n'en présente pas et nous constatons ainsi que 80 % de la population ne présentera d'ailleurs aucun épisode dépressif au cours de sa vie.

DEUXIÈME PARTIE

Des solutions thérapeutiques existent pour soigner la dépression. Oui, et pour votre plus grand confort, la dépression se soigne et, bien sûr, il faut en faire la démarche car il est difficile voire impossible de se battre seul dans son coin.

Psychanalyse, Psychothérapie, médicaments : il existe aujourd'hui des traitements efficaces, souvent complémentaires, adaptés à chaque personne et à l'intensité de sa maladie.

Dans cette deuxième partie, vous trouverez des réponses aux questions que vous vous posez sur la psychanalyse et psychothérapie : comment çela fonctionne.

Pourquoi le recours au soin est-il indispensable pour le patient dépressif ?

Pour diverses raisons, la dépression est une maladie qui est associée à une perturbation du <u>fonctionnement du cerveau</u> : elle affecte l'ensemble de l'organisme ainsi que la personnalité. De plus, la volonté seule ne suffit pas pour agir sur une maladie aussi complexe.

Un traitement est donc toujours nécessaire lorsque le patient souffre de dépression sévère et la nécessité d'un traitement est une idée qu'il accepte difficilement. Ainsi, pour des raisons psychologiques, culturelles mais aussi pour des raisons liées aux effets de la dépression, le patient préfère s'en sortir par lui-même plutôt que se faire soigner ; il pense que s'en sortir seul est une facilité, que c'est 'une victoire de plus de la dépression car, pour lui, accepter de l'aide reviendrait à renoncer à toute dignité et à toute lutte personnelle.

Mais rien n'est plus faux que cette pensée ; en effet, il est trop difficile de se battre tout seul contre la dépression car la lutte est trop inégale.

Bien au contraire, se faire soigner, suivre une psychanalyse, une psychothérapie, un traitement médicamenteux, c'est en réalité redevenir acteur, retrouver le choix, reprendre en main son destin.

Tout traitement thérapeutique s'appuie sur une **alliance**, une confiance, une collaboration étroite entre le patient et le thérapeute. C'est dans le cadre de cette alliance que se détermine et se met en oeuvre le projet de soins, de thérapie. Ce projet prend en considération les désirs, les besoins du patient qui est informé sur la relation thérapeutique, sur la nature de ses troubles, de leur évolution, de l'engagement du thérapeute et de l'engagement du patient, de la fréquence des consultations, des conditions de règlement et de certaines possibilités de prise en charge. En effet, accepter un projet de soin ne veut pas dire qu'il faille se faire soigner passivement car la guérison d'un trouble psychique demande une participation et un engagement importants de la part du malade. Le rôle de la famille, de l'entourage est aussi important et cela ne doit pas être sous-estimé puisque cet entourage protège le patient qui a perdu confiance en lui car la dépression génère une culpabilisation et une dévalorisation de soi si importantes que le patient a des difficultés à demander de l'aide et de croire qu'un traitement peut lui être utile : voir les symptômes de la dépression.

Ainsi, de nombreux traitements de la dépression sont adaptés à chaque personne et à l'intensité de la maladie : état dépressif léger, moyen ou sévère. Ces traitements sont souvent complémentaires.

Il existe des solutions efficaces pour soigner la dépression;

LA PSYCHANALYSE -LA PSYCHOTHÉRAPIE

Qu'est-ce que la psychothérapie et à quoi ça sert ?

La psychanalyse, la psychothérapie sont des traitements à part entière de la dépression et de nombreuses études ont permis de prouver, de démontrer l'efficacité de ces thérapies et d'en préciser les indications. Ainsi, la psychothérapie permet de mieux gérer la maladie, de réduire ses symptômes et leurs conséquences, de donner du sens à ce que l'on vit et de pouvoir envisager de nouveaux projets, lors d'un épisode dépressif. Un premier soulagement est lié à une écoute adaptée du thérapeute. Les premiers effets de la thérapie peuvent se faire sentir immédiatement et les changements durables interviennent au bout de quelques semaines. De plus, après la guérison d'un épisode dépressif, la psychothérapie sert aussi à prévenir la réapparition des symptômes.

La psychothérapie, comment cela marche ?

Il existe différentes méthodes de psychothérapie favorisant des formes particulières d'intervention.

Pour ma part, j'utilise la méthode intégrative du Docteur MEYER, Psychiatre, méthode eppssaïenne (EEPSSA de STRASBOURG).

Mais quelle que soit la méthode utilisée, la psychothérapie se fonde avant tout sur un échange de personne à personne qui s'instaure grâce à l'écoute bienveillante, la bienveillance, l'intuition aussi, l'absence de jugement et la compréhension du praticien, sur l'empathie.

Le thérapeute est, par ailleurs, tenu au <u>secret professionnel.</u>

Les éléments déterminants de toute psychanalyse, de toute psychothérapie sont la qualité de la relation, le sentiment par le patient d'être accueilli et compris dans ce qu'il on vit et dans ses ressentis, sans être jugé ni culpabilisé.

La psychanalyse, la psychothérapie s'appuient sur un échange verbal, dans la plupart des cas, mais pas n'importe lequel. Il ne s'agit de discuter comme dans la vie de tous les jours. Ici, au cabinet, il s'agit d'une relation toute particulière.

En effet, je suis une **professionnelle formée** à l'écoute et à la compréhension des problèmes psychologiques. Je propose, dans un cadre conçu à cet effet, d'aborder ces problèmes d'une manière spécifique, différente de celle du patient et que ses proches peuvent lui proposer.

Une des règles essentielles de cette relation est de **permettre l'expression** de ce que nous vivons, ressentons et pensons en toute liberté, **sans craindre d'être jugé** ou critiqué. Nous pouvons ainsi débattre des situations ou des émotions qui nous effraient, nous pencher sur nos zones d'ombre et parler librement de choses très difficiles à aborder, que nous n'arrivons pas à aborder même avec nos proches.

E. me confie lors d'une consultation : "Je me sens en confiance car je vois que vous êtes neutre, sans me juger, me culpabiliser et que tout ce que je dis reste confidentiel".

En qualité de thérapeute, le praticien est là pour entendre la souffrance, les difficultés, les doutes, les douleurs, les peurs ; le thérapeute amène le patient à s'exprimer sur ce qui est réellement ressenti ; il l'aide ainsi à <u>mettre des mots sur son vécu</u> en utilisant différentes techniques : questions ouvertes, reformulation des problèmes, exercices de mise en situation, exercices de respiration, travail sur les cinq sens, de visualisation, relaxation, hypnose, rebirth, présence juste, espaces de silence, méditation. Le praticien lui propose donc un face-à-face avec lui-même, en toute confiance, en toute alliance, dans un cadre bienveillant et sécurisant. Tout est fait pour aller au-delà d'où il a l'habitude d'aller ; il peut alors se regarder d'une autre façon, prendre conscience de nouvelles choses, aborder ses problèmes d'une façon différente, trouver de nouvelles réponses et des solutions efficaces pour lui.

Afin de favoriser ce changement, le thérapeute intervient parfois de façon beaucoup plus active ; il peut inviter le patient à parler d'un sujet particulier, d'une période particulière de sa vie, lui transmettre et lui expliquer sa compréhension du problème, lui faire des recommandations, l'inviter à faire certains exercices dans son cabinet, à faire un travail chez lui ou à l'extérieur de chez lui, le féliciter de sa coopération. Selon la situation et le vécu de la personne, différents modes d'intervention pourront être mis en oeuvre par le thérapeute. En effet, ces modes d'intervention sont adaptés au patient qui consulte, à sa personnalité, à ses problématiques, à son type de dépression et à la particularité des situations révélées lors de chaque soin ; bien sûr les modes d'intervention évoluent en fonction de la durée de la psychothérapie.

G., lors de la deuxième séance me confie : "C'est mon psychiatre qui m'a conseillé de venir vous voir. Avec vous quelque chose s'est passée dès la première fois ; je me suis senti à l'aise et en confiance toute de suite. Je peux dire des choses dont je ne parle pas facilement même à ma famille, dont je ne parle pas à une personne étrangère à ma famille mais à une professionnelle psychanalyste expérimentée, c'est plus facile car vous m'écoutez et vous me comprenez et me parlez".

Qui peut proposer la psychothérapie ?

Les psychanalystes ont effectué cinq années de psychananalyste dans une Ecole spécialisée et à l'université et possèdent un diplôme de 3e cycle : DEA, DESS ou Master. Il sont diplômés en psychopathologie. Les séances chez un psychanalyste ou un psychothérapeute ne sont pas remboursées par l'Assurance maladie ainsi que dans les établissements publics. Certaines mutuelles prennent en charge un forfait par an.

Les psychanalystes sont des professionnels. Le rôle du psychanalyste, à partir de sa propre expérience de la psychanalyse et de l'enseignement théorique qu'il a reçu, écoute la personne et coordonne les significations inconscientes de son discours. A certains moments choisis, le psychanalyste communique à la personne ce qu'il a compris de la signification inconsciente de ses paroles ou de ses conduites :

- C'est une "interpétation".

Ces interprétations doivent aider la personne à prendre conscience de l'origine de ses symptômes, de ses inhibitions ou de son mal-être, ou à comprendre autrement une période importante de sa vie.

Les principes de la psychanalyse sont complexes. La psychanalyse est, en effet, une technique de psychothérapie fondée sur l'utilisation de la parole. Elle se déroule dans un cadre très précis défini par le thérapeute.

Les psychothérapeutes : la psychothérapie s'occupe des personnes éprouvant des difficultés psychologiques, comportementales, sexuelles ou d'origine psychosomatique.

La psychothérapie comprend une pratique qui se fonde sur une relation de sujet à sujet dans laquelle la personne explore avec le praticien sa souffrance et les aspects cachés ou méconnus de son psychisme.

La psychothérapie requiert une connaissance approfondie de la psychopathologie permettant au praticien d'élaborer et de conduire des stratégies psychothérapeutiques ; elle lui permet de délimiter son propre champ d'intervention et d'adresser la personne lorsque nécessaire au praticien compétent.

Ce qui caractérise la profession de psychothérapeute, c'est une approche toute particulière du consultant basée sur l'écoute globale de la personne et pas seulement des symptômes d'une maladie et c'est une formation originale basée sur une psychothérapie personnelle approfondie, une solide formation qualifiante, pratique et expérientielle, dispensée par l'Université et des Instituts de formation, une supervision contyinue de leur pratique, un contrôle de la compétence par les pairs.

Les psychiatres sont des médecins spécialisés qui ont reçu, après leurs études de médecine, un enseignement supplémentaire de quatre ans sur les maladies mentales et leurs traitements.

Les psychologues : ils ont effectué cinq années de psychologie à l'université et possèdent un diplôme de 3e cycle (DEA, DESS ou master). Contrairement aux psychiatres, les psychologues ne sont pas médecins. Les séances chez un psychologue ne sont remboursées par l'Assurance maladie que dans les établissements publics.

Quel que soit le professionnel rencontré, n'hésitez pas à échanger avec lui sur la formation qu'il a suivie.

Dans quels cas est-ce indiqué ?

La psychothérapie est un traitement toujours pertinent pour la dépression, quel que soit le type de dépression, son niveau de sévérité ou son ancienneté. Elle peut être utilisée seule dans le cas d'épisodes dépressifs d'intensité légère ou parallèlement aux médicaments antidépresseurs ou à d'autres traitements. En cas de dépression sévère, en phase active, un soutien psychologique, psychanalytique sera proposé, mais le travail de psychothérapie ne pourra débuter qu'une fois l'intensité de la souffrance diminuée par le traitement médicamenteux. La psychothérapie n'est, en aucun cas, limitée à une catégorie sociale, à un âge ou à un sexe particulier. Il est toujours recommandé de consulter dans les meilleurs délais, dès les premiers symptômes, afin d'éviter une persistance et une aggravation de la maladie. En effet, l'aggravation rend le traitement plus difficile, accroît la souffrance et fait prendre le risque de rendre les troubles chroniques, qui s'installent d'une façon durable.

Mais l'engagement nécessaire du patient dans la psychothérapie engendre que le patient ne peut recevoir une psychothérapie ou une psychanalyse comme il peut recevoir des médicaments. Ainsi, même si l'analyse peut vous être recommandée, un désir, une volonté d'entreprendre ce travail psychologique, psychanalytique ou psychothérapeutique est nécessaire pour commencer une thérapie.

Combien coûte une thérapie ?

Il convient de se renseigner lors de la prise de rendez-vous et de demander les prix car ils peuvent varier selon les praticiens.

Quelle est la durée de la thérapie ?

La durée d'une analyse, d'une psychothérapie, de la dépression peut beaucoup varier en fonction du type de dépression, de sa sévérité et de la situation de la personne qui consulte. Pour des situations simples, une thérapie courte suffit, 15 à 20 séances dans les situations simples ; par contre, un suivi plus long, une thérapie longue peut être nécessaire si la dépression est associée à d'autres difficultés, qu'elles soient corporelles, psychosomatiques, psychologiques, sociales, relationnelles ou autres. Après plusieurs séances, l'évaluation initiale et une réévaluation régulière, dans le temps, menée en concertation avec le patient, permettent ainsi au thérapeute d'informer ce dernier sur la durée envisageable de la thérapie. La fréquence des séances est généralement d'une par semaine, mais elle peut être plus ou moins espacée selon les besoins et les phases de la psychothérapie. La durée de chaque séance se situe souvent entre 30 et 60 minutes mais peut également varier pour les mêmes motifs. En cas d'épisodes dépressifs récurrents, le suivi psychothérapique peut être prolongé et les séances espacées ; cette psychothérapie au long cours permet de diminuer le risque de réapparition des symptômes ainsi que leur intensité et éviter une dépression sévère.

Comment puis-je choisir mon praticien ?

La qualité de la relation entre le patient et le praticien est l'élément fondamental à la réussite d'une psychanalyse, d'une psychothérapie. Il est donc primordial de choisir un praticien disposant de la formation et des compétences requises pour soigner la dépression. Il convient de choisir un thérapeute avec lequel le patient se sent à l'aise. Le médecin traitant peut orienter le patient vers un professionnel qu'il connaît ou qu'il peut recommander.

Le patient peut prendre le temps, lors des premières séances de thérapie, de s'informer et d'aborder, avec le thérapeute, toutes les questions qu'ils se pose sur la formation du praticien, même s'il se sent anxieux, nerveux ou préoccupé par ses problèmes.

La formation du psychothérapeute est importante. En effet, la psychothérapie est une activité qui requiert un haut niveau de compétences et qui ne peut s'improviser. Quelle que soit sa formation initiale universitaire, il est impératif que le thérapeute ait suivi un cursus de formations spécifiques reconnues.

La pratique de la psychothérapie nécessite des modalités d'exercice.

Le patient doit en connaître la durée, la fréquence et être informé du prix des séances. Il doit savoir les conditions lorsqu'il ne se présente pas à un rendez-vous et ce qu'il doit ou peut faire en cas d'urgence.

A cet effet, j'ai mis en place une charte d'engagement du psychanalyste, du psychothérapeute et du patient signée par le patient et le thérapeute.

En analyse, quelques séances sont nécessaires au praticien afin d'être en mesure de répondre aux questions concernant l'amélioration des troubles et de la durée de la thérapie le temps nécessaire pour espérer une amélioration de l'état du patient ou une guérison.

Le travail psychologique peut sembler difficile car la thérapie passe par un face-à-face avec soi-même, ses problèmes, ses émotions, sa souffrance, ses peurs, ses traumatismes ; Le patient craint souvent que cette confrontation soit douloureuse et tenter de l'éviter par un comportement de fuite. Aller où cela fait mal n'est pas toujours facile. Les moments d'incertitude, se dévoiler, les sentiments de plus grande vulnérabilité et le vécu d'émotions intenses, les images qui resurgissent du passé, sont en effet présents lors du processus de soin. Ces moments sont associés à de brèves périodes de déstabilisation mais si constructifs pour aller vers un mieux être. Ainsi, les efforts mis en oeuvre peuvent parfois conduire à une rechute momentanée ; le thérapeute propose alors un soutien plus rapproché pour valoriser tous les efforts du patient et l'aider ainsi à passer ce passage presque obligé pour aller de l'avant.

La psychothérapie a pour objectif la mise en place de changements durables. Pour ce faire, tout changement demande l'abandon d'habitudes et d'automatismes, ce qui n'est pas toujours évident à accepter de la part du patient. En réalité, les progrès de reconstruction, de reprise de confiance en soi, le mieux être, la sérénité et l'apaisement qui résultent du travail analytique et psychothérapeutique sont si importants et profonds qu'ils permettent au patient de comprendre et de ressentir que l'aventure de la psychothérapie en vaut la peine. La thérapie est efficace et des études ont prouvé l'efficacité de différents types de psychothérapies sur différents types de patients qui souffraient de différents types de dépressions. Pour de nombreuses personnes, la psychothérapie conduit à la guérison complète et durable. Pour d'autres, elle permet une amélioration des symptômes dépressifs et anxieux, ainsi qu'une diminution de la fréquence des épisodes dans les cas des dépressions qui récidivent. Dans tous les cas de dépression, la psychothérapie contribue de façon significative à l'amélioration de la condition et de la qualité de vie de la personne.

Il existe différents degrés d'intensité dans les dépressions et les antidépresseurs sont parfois nécessaires. Cependant, toutes les dépressions ne nécessitent pas de traitement par médicaments antidépresseurs. Les antidépresseurs servent à réduire les symptômes. L'objectif du traitement par médicaments antidépresseurs est la réduction significative des symptômes dépressifs et de leurs conséquences dans la vie quotidienne.

G. vient me voir et me confie qu'elle prend des médicaments mais qu'elle désire les réduire dans le temps et elle dit : "les médicaments ont été nécessaires jusqu'à présent mais en accord avec mon psychiatre, je voudrais petit à petit les réduire. Je n'ai pas résolu tous mes problèmes avec ces médicaments mais cela m'a permis passer un cap, le cap de la souffrance, de pouvoir dormir, d'assumer mon rôle de maman, de ne plus avoir de grosses angoisses, de ne plus avoir peur d'être seule. Je viens vous voir pour analyser tout cela et entamer une psychothérapie".

Les médicaments antidépresseurs améliorent les symptômes de la dépression après 3 à 4 semaines de traitement continu. Ils aident au bon fonctionnement du sommeil, de l'appétit ; ils permettent de retrouver l'initiative, une perception positive de la vie ; Et le plus important, le fonctionnement normal persiste après l'arrêt du traitement. Ainsi, Les antidépresseurs agissent au niveau du cerveau. Les médicaments antidépresseurs sont des molécules qui agissent au niveau du cerveau, plus précisément sur les extrémités des neurones, appelées synapses, à travers lesquelles les neurones communiquent les uns avec les autres.

Cette communication entre neurones se fait sous forme de messages chimiques appelés neurotransmetteurs ou **neuromédiateurs** comme la sérotonine ou la noradrénaline.

Les médicaments antidépresseurs agissent ainsi par divers mécanismes et aucun autre médicament ne mobilise à lui seul tous ces mécanismes. Le médecin peut donc proposer un traitement antidépresseur dont le mode d'action est le plus adapté et le plus efficace à chaque situation en fonction des symptômes de la dépression, en fonction de l'efficacité ou de l'échec de tel ou tel médicament antidépresseur prescrit dans le passé. Certains médicaments antidépresseurs peuvent avoir un ou plusieurs mécanismes d'action en commun avec des effets indésirables très différents les uns des autres. Mais le médecin peut changer de traitement parce que son patient présente des effets indésirables et proposer un antidépresseur dont l'effet thérapeutique est similaire mais dont les effets indésirables sont différents.

Il convient, bien sûr, de faire bon usage de ces traitements, de respecter la durée et de connaître le délai d'action. Du fait de la complexité des mécanismes d'action des antidépresseurs, il faut souvent attendre 3 à 4 semaines parfois plus avant que le patient n'en ressente les effets bénéfiques. Le traitement d'un épisode dépressif comporte deux phases, une phase aiguë, dont l'objectif est la disparition des symptômes, d'une durée de six à douze semaines et une phase de consolidation dont l'objectif est de stabiliser l'amélioration des symptômes, d'une durée de quatre à six mois, en fonction des symptômes et du nombre d'épisodes précédents.

L'arrêt du traitement pendant cette période critique fait courir un risque très élevé de réapparition des symptômes. C'est pour cela qu'il est indispensable de poursuivre le traitement, même après la disparition des symptômes, conformément à l'avis du médecin.

Pour envisager l'arrêt du traitement, il ne peut se faire que progressivement avec son médecin. Les médicaments antidépresseurs ne créent certes pas de dépendance physique. Cependant, il est difficile d'envisager d'arrêter seul le traitement et dans tous les cas, l'arrêt doit être progressif et doit être préparé en collaboration avec le médecin. L'arrêt du traitement se déroule habituellement sur quelques semaines et lorsque les symptômes resurgissent, il est indispensable de consulter immédiatement son médecin qui préconisera la reprise du traitement avec la prise efficace. Les conséquences de l'arrêt trop brutal du traitement peuvent être importantes et des symptômes peuvent apparaître en cas d'arrêt brutal d'un traitement antidépresseur : anxiété, irritabilité, syndrome pseudogrippal avec frissons, fièvre, fatigue, mal aux muscles, cauchemars, insomnie, nausées, sensations de vertiges. Tous ces symptômes ne doivent pas être confondus avec ceux de la dépression. Ils apparaissent généralement dans les quatre jours suivant l'arrêt et durent rarement au-delà d'une semaine

G. me dit : "Avec ces antidépresseurs je n'ai plus toutes ces pensées. J'ai moins mal, je souffre moins".

Lors d'un traitement antidépresseur, un suivi médical est indispensable. En effet, Un suivi régulier par un médecin est nécessaire lorsque l'on prend un traitement antidépresseur. Le suivi est très important quelques jours après la mise en route du traitement et au cours des deux premières semaines pour faire un point sur la tolérance du médicament et l'évolution des problèmes, ainsi que vers quatre semaines après la mise en route du traitement pour faire un point sur son efficacité et aussi régulièrement durant les six à huit mois qui suivent la mise en route du traitement car durant cette période le risque de réapparition des symptômes est maximal. Ainsi, tout prise d'antidépresseurs doit être accompagnée d'informations sur la dépression. Quant au traitement, il doit bénéficier d'un soutien relationnel. La qualité de la relation établie entre le médecin et la personne, entre le psychanalyste-psychothérapeute et le patient, est déterminante.

Lorsque d'autres médicaments sont associes aux antidépresseurs, la prescription est temporaire. Ainsi, le médecin peut prescrire en début de traitement un médicament anxiolytique, qui est un tranquillisant, pour soulager rapidement l'angoisse mais cette prescription doit être temporaire. Les anxiolytiques ne soignent pas la dépression et ne doivent être pris que pendant quelques semaines car, au-delà, leur action est diminuée et le risque de dépendance physique est réel ; comme nous l'avons vu, ce n'est pas le cas des antidépresseurs. En fonction du type de dépression, d'autres médicaments pourront parfois être prescrits, par exemple des stabilisateurs de l'humeur. En cas d'idées de mort ou de suicide, d'aggravation de l'anxiété ou de l'angoisse, ou au contraire d'une excitation et de beaucoup trop d'énergie, il est important d'en parler à un professionnel.

En cas d'effets indésirables des antidépresseurs, il faut en parler au médecin car comme tout médicament, les médicaments antidépresseurs peuvent avoir des effets indésirables. Selon les types de médicaments, ces effets indésirables sont, par exemple, la somnolence ou au contraire l'excitation, la constipation, la prise ou la perte de poids, la sécheresse de la bouche, les baisses de tension, les difficultés sexuelles. Chez les personnes âgées, il existe des risques importants de baisse de pression artérielle en position debout qui peut être handicapante surtout si elles éprouvent des troubles de l'équilibre et une surveillance médicale particulière est nécessaire chez ces patients. Il est donc indispensable de parler de ces possibles effets indésirables avec le médecin au moment de la prescription de l'antidépresseur et de prendre connaissance de la notice du médicament. Les effets indésirables évoqués par le médecin ou inscrits sur la notice du médicament ne surviennent pas chez tous les patients et ne sont pas tous obligatoirement présents. Certains de ces effets indésirables sont liés au mécanisme d'action de l'antidépresseur et un grand nombre de ceux-ci vont disparaître avec la poursuite du traitement. Par ailleurs, il existe des solutions pour corriger ces effets. Lorsqu'ils sont très désagréables, le médecin peut éventuellement préconiser un changement d'antidépresseur.

D'autres thérapies, plus spécifiques, peuvent parfois être proposées pour certaines formes de dépression : dépression modérée, dépression sévère, dépression de type saisonnier.

Pour plus d'informations sur ces thérapies et en complément des traitements évoqués dans ce chapitre, il est bien sûr aussi très important pour le patient, qui souffre de dépression, de prendre soin d'elle. Ainsi, le patient peut mettre en place lui-même certaines activités physiques, suivre un régime alimentaire équilibré, avoir une vigilance vis-à-vis de l'alcool et vis à vis de ses addictions à certaines substances. Tous ces soins complémentaires améliorent ainsi la qualité de vie de la personne.

Dans le cas de la dépression, une plante est à utiliser avec précaution. Le millepertuis bien qu'il soit actuellement en vente libre en France, ne doit en aucun cas être pris à la légère, comme une tisane antidépressive. Il présente en effet le sérieux inconvénient d'interagir avec de très nombreux médicaments, dont certains antidépresseurs. Le millepertuis est une plante parfois utilisée en cas de manifestations dépressives légères et provisoires ; cependant, cette plante n'est pas un traitement pour les épisodes dépressifs caractérisés, même d'intensité légère. Il convient donc d'informer le médecin de l'utilisation éventuelle de ce produit.

Dans la dépression, parfois l'hospitalisation est nécessaire. Pour la plupart des dépressions, le patient est soigné sans être hospitalisé. Cependant, l'hospitalisation peut parfois s'imposer en cas de dépressions sévères, de traitements complexes qui nécessitent un suivi médical très particulier, ou quand le patient est en danger, ce qui nécessite une prise en charge hospitalière du fait du risque de suicide et de la perte d'autonomie. L'hôpital est un espace éloigné du contexte dans lequel s'est développée la dépression ; c'est un cadre dans lequel il est enfin possible pour la personne d'être malade, sans devoir cacher sa maladie et donc l'hospitalisation a une vertu soignante. La personne hospitalisée peut ainsi se concentrer sur elle-même et sur son traitement. En cas de dépression, la durée nécessaire de l'hospitalisation dépend donc de la gravité du trouble et généralement se situe entre quinze jours et trois semaines ; cette période est suffisante.

Lorsqu'une personne souffre de dépression, il est important de savoir où et à quels professionnels s'adresser, d'autant plus que la prise en charge de la maladie est complexe. Elle fait appel à de multiples acteurs qui n'ont ni les mêmes compétences ni les mêmes qualifications.

TROISIEME PARTIE

Dans cette troisième partie, les réponses les plus claires possibles aux principales questions que vous serez éventuellement amené à vous poser sont abordées.

Qui la personne doit consulter pour diagnostiquer la dépression ?

Le médecin généraliste est souvent le premier interlocuteur pour les problèmes de santé. Depuis la récente réforme de l'Assurance maladie, c'est souvent lui que l'on choisit comme médecin traitant. Il est compétent pour diagnostiquer les problèmes de santé mentale (notamment la dépression) et pour proposer un traitement adapté. Il peut également orienter vers un professionnel en santé mentale, ou vers un psychanalyste ou vers un psychothérapeute.

Le psychiatre est un médecin spécialisé qui a reçu, après ses études de médecine, un enseignement supplémentaire de quatre ans sur les maladies mentales et leurs traitements. En tant que médecin, il est habilité à prescrire des médicaments, des examens et des soins, et à rédiger des certificats médicaux. Il peut aussi proposer d'aller consulter un psychothérapeute, un psychanalyste. Une consultation de psychiatrie dure environ trente minutes et comporte toujours un échange verbal approfondi et peut être accompagnée d'une prescription médicamenteuse.

JC me confie lors d'une consultation de Psychanalyse et en psychothérapie qu'il a pris son courage à deux mains pour pousser la porte du Cabinet de Psychanalyse mais aujourd'hui il dit qu'il auait du prendre la décision plus tôt car il est arrivé presque en décompensation tant il souffrait.

Bien sûr, pour les traitements, lorsque le diagnostic a été posé, le médecin généraliste ou le psychiatre peuvent vous indiquer l'adresse d'un psychanalyste, d'un psychothérapeute afin que le patient puisse être accompagné dans cette démarche de recherche du mieux être.

En revanche, le psychologue n'est pas un médecin : le psychologue ne peut donc pas prescrire de médicaments et les consultations ne sont remboursées par l'Assurance maladie que dans les établissements publics.

Comme tous les professionnels de santé, le médecin généraliste, le psychiatre, le psychanalyste, le psychothérapeute, le psychologue sont tenus au secret professionnel. Le patient peut donc leur parler en toute confiance.

M., à notre premier rendez-vous me dit : "il m'est difficile de me confier à mon époux, c'est trop intime. Quand j'ai rencontré le psychiatre il ne m'a pas seulement prescrit des médicaments mais m'a orientée vers une psychothérapeute ou une psychanalyste. C'est la raison pour laquelle je viens vous voir pour des séances de psychothérapie, pour arrêter ma souffrance"

Pour consulter, le patient peut aussi recevoir les soins de santé mentale auprès d'un hôpital public ou spécialisé, dans un centre médicopsychologique, dans une Etablissement du secteur privé qui participe au service public comme un hôpital où les consultations sont gérés par une association. Le patient peut choisir le secteur privé c'est-à-dire prendre rendez-vous dans un cabinet médical, ou une une clinique psychiatrique car dans tous les cas, les professionnels sont formés à ces problèmatiques.

Pour le secteur privé, il s'agit des professionnels libéraux et les cliniques. Le secteur privé regroupe essentiellement les professionnels exerçant en cabinet libéral ; ce sont les psychiatres, les psychanalystes, les psychothérapeutes, les psychologues et les cliniques privées de santé mentale. La France détient environ 125 cliniques neuropsychiatriques privées ; certaines sont spécialisées dans la prise en charge de certaines maladies, dont la dépression et dont la plupart sont conventionnées par l'Assurance maladie et les assurances complémentaires. Il convient que le patient se renseigne auparavant car les tarifs sont variables d'un établissement à l'autre, ainsi que les conditions d'admission et de prise en charge des frais supplémentaires.

Le service pulic, en France, est organisé en secteurs. En effet, les services publics de psychiatrie sont sectorisés et tous les départements français sont divisés en zones géographiques appelées secteurs. Chaque secteur regroupe plusieurs établissements de soins autour d'un service hospitalier. Dans chaque secteur, une équipe coordonnée assure tous les soins de santé mentale pour la population habitant cette zone géographique. Le patient peut donc être suivi par plusieurs établissements du secteur en même temps car les soins pratiqués sont complémentaires et les équipes soignantes travaillent toujours en liaison.

Aussi, dans un secteur, le patient peut trouver des établissements différents ; ce sont les Centres médico-psychologiques : CMP, qui sont des établissements implantés en centre ville, en dehors d'un hôpital. Ces CMP proposent aux personnes qui le désirent, venues spontanément ou adressées par un médecin, des consultations quelle que soit la sévérité de leurs troubles.? L'équipe du CMP est composée de psychiatres, d'infirmiers, de psychologues, d'assistantes sociales. Elle coordonne l'accueil et les soins et peut proposer des psychothérapies, des ateliers en groupe et parfois des visites à domicile. C'est aussi l'hôpital de jour et le patient y est adressé par son psychiatre. Ce type d'établissement, situé au sein d'un centre hospitalier, propose des soins la journée à raison d'une à plusieurs demi-journées par semaine et le patient rentre chez lui tous les soirs. Le patient trouve aussi l'hôpital appelé unité d'hospitalisation quand l'état de santé de la personne nécessite des soins ou une surveillance continuelle, 24 heures sur 24, l'hospitalisation à temps plein est nécessaire mais elle peut être continue ou discontinue en week-ends ou les nuits seulement. Les unités d'hospitalisation peuvent être situées au sein d'un hôpital spécialisé qui est un établissement public de santé mentale, au sein d'un hôpital général, sur un site autonome en centre ville. Il existe aussi les Centres d'accueil et de crise appelés CAC. Ceux-ci permettent d'accueillir, sans rendez-vous, de soigner et d'orienter des personnes en état de crise et peuvent parfois proposer une hospitalisation de courte durée. Situés surtout dans les grandes villes, ils assurent une permanence téléphonique et des consultations gratuites, 24h/24et 7j/7.

Consulter un Psychanalyste ou un Psychothérapeute permet aussi se se soigner.

Un patient témoigne : « Après avoir consulté un professionnel en Cabinet, j'ai appris à m'ouvrir complètement, sans peur d'être jugée, sans culpabilité, sans rien cacher. Cela fait tant de bien d'être autorisée à dire à quelqu'un de professionnel que je n'étais pas bien, que je souffrais, que je ressentais un mal de vivre".

La dépression, en raison de ses symptômes, peut rendre temporairement impossible la poursuite d'une activité professionnelle car elle diminue de manière importante l'initiative, la concentration, la mémoire et modifie profondément les relations avec l'entourage du patient. Le médecin prescrit parfois un médicament calmant, ainsi la poursuite d'une activité professionnelle peut être difficile et la conduite automobile s'avère dangereuse, surtout en début de traitement. Un temps partiel thérapeutique peut être préconisé par le médecin. En effet, la reprise du travail avant la guérison totale de l'épisode dépressif est le plus souvent considérée comme pouvant favoriser la guérison ; la persistance de manifestations de la maladie comme la fatigue, les difficultés de concentration, peut indiquer que la personne ne peut être à son plein rendement et qu'une surcharge de travail risque de précipiter la réapparition des symptômes. Dans ce cas, il est parfois possible de travailler à temps partiel en percevant tout ou partie de ses indemnités journalières.

Un temps partiel thérapeutique appelé mi-temps thérapeutique nécessite l'avis de trois médecins c'est-à-dire le médecin traitant, le médecin conseil de l'Assurance maladie et le médecin du travail avec l'accord de l'employeur. Pour obtenir l'accord de ce mi-temps thérapeutique, il doit s'intégrer dans un projet de soin précis qui, à terme, conduit à une reprise à temps complet de l'emploi précédent. Les sommes versées par l'assurance maladie, en cas d'arrêt de travail, peuvent être complétées par l'employeur mais ce complément varie en fonction du statut de l'employé et de la convention collective de sa branche de travail. Cependant, le travail lui-même peut parfois avoir une influence néfaste sur la dépression surtout dans le cas de harcèlement ou d'activités très stressantes et il n'est pas toujours possible de prendre de la distance avec son travail, même lorsqu'il est identifié comme un facteur déstabilisant pour le patient. Le patient pourra, à ce moment là, demander à rencontrer rapidement le médecin du travail afin de préparer au mieux le retour à la vie professionnelle. Dans la plupart des cas, l'arrêt de travail ne sera pas poursuivi très longtemps puisque le travail favorise souvent la guérison. En effet, l'activité et les liens professionnels sont un moteur de confiance en soi, un élément d'équilibre et de construction de l'identité, un facteur de socialisation important.

QUATRIÈME PARTIE

Le rôle de l'entourage est essentiel lorsqu'un proche souffre de dépression. Cette expérience, si douloureuse pour le patient, est aussi difficile à vivre pour l'entourage car d'abord la dépression est très difficile à comprendre et ensuite souvent perturbante et génératrice d'anxiété pour ceux qui ne l'ont pas vécue de l'intérieur ; pour l'entourage, il s'agit de trouver la juste place entre ce proche et les soignants car il ne peut se substituer au médecin ou au thérapeute du patient ; ainsi, l'entourage a un rôle essentiel dans le soutien apporté au patient en comprenant que la dépression est une maladie et en apprenant à détecter ses signes, en aidant le proche à consulter et à suivre un traitement approprié, en le soutenant à la bonne distance, sans l'étouffer ou l'infantiliser, en évoquant au besoin avec lui, les éventuelles idées de suicide afin de les prévenir et aussi en prenant soin de vous-même pour que vous puissiez aider efficacement ce proche en souffrance.

Face à la souffrance d'un proche, je réagis, je repère la dépression et je comprends qu'il s'agit d'une maladie. Je comprends que seul le diagnostic d'un professionnel peut établir de manière précise si votre proche souffre ou non de dépression. Cette maladie peut avoir différents degrés de gravité. Il est en effet très difficile d'identifier seul la maladie car certains de ses symptômes peuvent ressembler superficiellement à l'expression d'émotions courantes de la vie comme la tristesse, le découragement que tout le monde ressent et parvient généralement à surmonter. Il est cependant possible de repérer les différences entre un découragement passager et une dépression car, dans le cas d'une dépression, d'autres signes se manifestent en même temps et sur une longue durée c'est-à-dire l'insomnie, les troubles de la concentration ou de la mémoire, un désintérêt pour les sujets ou les activités qui motivent habituellement le patient, une souffrance accentuée au petit matin, une grande difficulté pour se lever le matin.

Dans cette situation, il convient alors d'aider son proche à consulter un professionel et à suivre un traitement approprié pour la dépression car il est dans l'intérêt de votre proche de consulter un médecin le plus rapidement possible. Pour l'aider, vous pouvez l'encourager à effectuer cette démarche, l'aider à trouver un professionnel de santé, à prendre rendez-vous et aussi l'accompagner. Si votre proche est incapable de se décider et que la situation vous semble grave, il ne faut pas hésiter à appeler son médecin traitant pour une visite à domicile ou à composer le numéro des urgences médicales lorsque la situation est extrême. Quand le professionnel de santé est consulté pour votre proche, il ne faut pas lui cacher la réalité et l'importance de sa souffrance et le risque suicidaire éventuel. Il convient de lui parler des symptômes qui sont inquiètants car le patient a souvent besoin qu'on le le soutienne dans son projet de soins, et il est souvent nécessaire qu'on le soutienne pour qu'il suive bien le traitement qui lui a été prescrit et pour l'inciter à consulter à nouveau avant de décider l'arrêt de ce traitement. Par contre, il ne faut jamais l'inciter à prendre un traitement qui a été efficace pour une autre personne ou pour soi-même. En cas d'hospitalisation, préconisée par le médecin, rassurez le patient de votre présence, de votre soutien et de votre disponibilité durant la période d'hospitalisation. En effet, votre présence et l' accompagnement de votre proche pour les formalités d'admission s'avère très souvent nécessaire. Pour préserver la tranquillité de la personne dépressive, le personnel de l'hôpital proposera à l'entourage un aménagement en suspendant temporairement les visites et les contacts téléphoniques car l'efficacité de la thérapie dépend du soutien, du respect de la bonne distance avec la personne dépressive, de la présence bienveillante mais non étouffante, de l'affection, de l'écoute et de la patience de l'entourage. Il n'est pas constructif d'accabler votre proche de bons conseils en lui disant ce qu'il doit ou devrait faire ou en le conseillant de ne pas se laisser aller, de se bouger plutôt que de dormir, ou de rester à traîner au lit chaque jour. En effet, toutes ces injonctions ne feront que qu'amplifier ses sentiments de culpabilité et d'impuissance face à la dépression. Il faut donc se souvenir que la dépression est une maladie et vous ne demanderiez pas à quelqu'un atteint d'une grippe d'arrêter d'avoir de la fièvre ? Par contre, il faut <u>rassurer</u> le patient, en <u>empathie</u>, en formulant et en répétant que nous comprenons ses difficultés qu'il n'est pas fou, que la dépression est une maladie qui peut toucher chacun d'entre nous et qui touche beaucoup de monde et qu'avec de l'aide, avec l'aide d'un professionnel et de la patience, il peut s'en sortir. Pour encourager le patient à nous parler, il est préférable de garder une attitude très ouverte, de l'écouter avec attention, avec <u>patience</u> même quand il ressasse et qu'il reste sourd aux apaisements que vous venez de lui prodiguer, avec <u>bienveillance</u>. Pour valoriser le patient, il est également important de se montrer sensible aux efforts qu'il fait et de lui souligner ces efforts par la parole, des gestes affectueux ou un simple sourire.afin de le <u>valoriser</u>. Une personne qui souffre de dépression est très sensible aux offres d'aide de la vie courante comme les courses, le ménage, la cuisine, le bricolage et aux petites attentions même quand il ne laisse rien paraître. Cependant, il ne s'agit pas d'être être trop maternel ou trop envahissant car si la petrsonne se sent infantilisé, cela risque de renforcer son sentiment de dévalorisation et se sentira "plus bon à rien". Il faut l'aider et le motiver en l'invitant à sortir en promenades, à faire des sorties, l'encourager, sans le harceler, à poursuivre certaines activités qui lui procuraient du plaisir en conaissant ses hobbies, ses sports ou activités culturelles préférées. C' est également une forme de soutien utile. Mais attention, il peut être contre-productif de brusquer votre proche, de lui imposer trop d'exercices ou de visites.

En effet, une personne dépressive se fatigue très vite car elle lutte en permanence contre sa fatigue et ses idées noires. Ainsi, un changement radical de vie, de travail, de résidence ou des vacances lointaines ne résolvent pas à eux seuls les problèmes de dépression et parfois peuvent même les aggraver. Changer de cadre de vie ne permet pas au patient de se séparer de son vécu. Pour le patient, partir en vacance lorsqu'il souffre de dépression, ne fait que retarder la prise en charge par un traitement adapté à sa dépression et risque même de l'aggraver par la perte de ses repères habituels. Les enfants et les adolescents qui demeurent, habitent avec le dépressif, ne comprennent pas la situation. Il convient donc de leur expliquer que la personne n'est absolument pas responsable de son état, que c'est une maladie qui demande des soins et du soutien. Lorsque ce patient ira mieux, la famille doit le laisser reprendre le cours de sa vie mais à son rythme, doucement car il faut du temps, voire plusieurs mois pour qu'il se sente de nouveau en confiance et en sécurité avec son entourage familial, relationnel et professionnel.

Un couple vient consulter et le mari confie : "Ma femme me disait que tout allait bien, que son état allait passer, qu'elle était fatiguéee, qu'elle avait besoin de se reposer et qu'elle voulait partir en vacances. Mais le matin, elle n'arrivait plus à se lever du lit, ne resssentait plus aucune envie pour les choses de la vie quotidienne, elle pleurait très souvent sans raison apparente. Nous avons donc decidé de venir vous consulter".

Lorsque le patient a des idées noires, il faut évoquer le risque de suicide car les idées de suicide sont fréquentes en cas de dépression, elles font d'ailleurs partie des symptômes de cette maladie et le risque suicidaire ne doit pas être sous-estimé et environ 7 % des personnes touchées par la dépression meurent par suicide. Mais, il faut savoir que l'immense majorité des personnes en proie à des idées de suicide ne feront pas de tentative. Cependant, les signes de risque suicidaire ne sont pas toujours faciles à repérer et il faut être particulièrement alerté par les signes évocateurs de suicide. En effet, le patient évoque un départ ou la volonté de rejoindre des êtres disparus, donne des objets qui ont une valeur affective pour lui, met en ordre ses affaires personnelles, prend des dispositions testamentaires, contacte sa famille et ses relations pour remercier ou dire au revoir; sans raison apparente, il se dit soudainement apaisé ou soulagé. Ce mieux être si inattendue peut être provoquée par une décision de passage à l'acte pour mettre ainsi un terme à ses souffrances psychiques et physiques. Les recommandations dans ce domaine sont unanimes. Les idées de suicide doivent être abordées par les proches, par les professionnels et par tous ceux qui se soucient pour une personne dépressive.

M. en thérapie dit que seule la présence de son conjoint la soulage et la réconforte, la sécurise même. Son conjoint parlait sans cesse pour lui donner des conseils et cela la faisait souffrir et la fatiguait ; elle ne le supportait plus

La meilleure façon d'aborder l'existence éventuelle d'idées de suicide est d'identifier ce qui fait souffrir la personne comme la fatigue, le manque de sommeil, le fait de ne plus pouvoir aimer les siens et de se sentir incapable de réaliser les choses courantes de la vie. Il suffit de poser des questions simples, claires et courantes comme "Tu sais, je comprends que tu souffres, que trop de choses te font souffrir ; mais lorsque tu n'en peux plus, penses-tu au suicide?"

 Et si la personne répond que oui, lui demander ainsi "as-tu déjà pensé comment tu ferais?" Et si le patient répond encore oui, lui dire "quand penses-tu le faire?". Souvent, par peur d'encourager ce suicide et de conduire un geste suicidaire, nous craignons de parler avec une personne de ses idées de suicide mais c'est tout le contraire. Quand les questions sont posées avec douceur et respect, la personne est soulagée que quelqu'un soit empathique, que quelqu'un d'autre comprenne sincèrement ce qu'elle ressent, ce qu'elle endure comme souffrance et en soit témoin. C'est pourquoi il convient de parler avec elle car c'est la première étape pour briser son isolement.

Si vous pensez que votre proche est en crise suicidaire, vous pouvez appeler une ligne téléphonique spécialisée où un professionnel compétent qui vous indiquera la conduite à tenir. Il faut rester à proximité du malade et éloigner tous les moyens de suicide qui seraient à la disposition du dépressif comme les armes, les médicaments, les fenêtres. Toutes ces attentions aident à décourager une tentative de suicide.

Vous pouvez aussi l'accompagner dans un centre hospitalier ou dans toute structure spécialisée.

Pour rester efficace dans son soutien, il faut savoir que la dépression est une maladie que l'on met parfois beaucoup de temps à identifier et dont le traitement se fait toujours dans la durée. Pendant toute cette période, il est judicieux de partager la souffrance de son proche et de trouver la force pour lui apporter tout le soutien et tout l'amour dont il a besoin. Il est donc indispensable de se préserver de l'usure et du découragement qui, avec le temps, peuvent se transformer en colère et en agressivité et avoir un effet contre-productif sur le traitement de la dépression du patient.

Pour vous permettre de rester aidant et efficace, il faut se rappeler qu'il s'agit d'une maladie aux origines multiples qui son bilologiques, psychologiques et environnementales. L'aidant peut parfois se sentir coupable de la dépression d'un proche, se sentir impuissant face à la maladie alors il faut se souvenir qu'il n'est pas seul ; en effet, des spécialistes, des professionnels et des associations peuvent l' aider et aider son proche, en s'appuyant sur eux. Il peut aussi se replier sur lui-même, s'enfermer dans une bulle, seul avec le patient, ce qui n'est pas une solution, ni pour le patient ni pour lui. Il est important que l'aidant prenne le temps de souffler, de continuer à vivre, de pratiquer des activités personnelles dans lesquelles il trouvera du plaisir et il est également essentiel qu'il prenne en compte sa propre souffrance, qu'il puisse parler de ce qu'il ressent à d'autres personnes professionnelles. En faisant appel aux professionnels, psychanalystes, psychothérapeutes, votre proche sera ainsi mieux aidé.

CINQUIÈME PARTIE

Le recours au soin est indispensable en matière de dépression, cependant, il est possible de faire par soi-même en matière de dépression?

Il est en effet possible de s'aider soi-même, de renforcer ainsi l'efficacité du traitement, d'accélérer la guérison et donc d'éviter la réapparition des symptômes. Mais lorsqu'on souffre de dépression, quand le patient a plutôt tendance à perdre confiance en lui et à n'avoir plus envie de rien du fait de cette maladie, comment peut-il faire ?

Dans cette cinquième partie, des pistes de réponses sont données afin de pouvoir agir rapidement ; C'est en acceptant l'aide des autres, en exprimant ce que l'on ressent, en sachant reconnaître les signes précurseurs de sa maladie, en pratiquant certaines activités physiques, en améliorant son alimentation, en maintenant ou en développant les liens avec d'autres personnes c'est-à-dire la famille, les amis, les collègues, les voisins, les membres de clubs ou d'associations, que l'on peut s'aider soi-même. Cette dynamique de vie positive peut ainsi s'enclencher et inverser le processus négatif de cette maladie qu'est la dépression. Expimer sa souffrance, accepter d'être aidé, dire ce que l'on ressent à des personnes de confiance lorsqu' on va mal, quand on se sent mal, est un conseil valable pour toutes et tous, à tout moment de la vie. Revenir sur un traumatisme, sur une expérience douloureuse, la partager avec un proche, pleurer si cela est nécessaire, si on en a envie, si cela soulage, fait partie d'un processus naturel qui permet d'aller vers un mieux être. Bien sûr, pour celui ou celle qui souffre de dépression, il n'est pas évident de parler de ses sentiments, de ses ressentis, de ses émotions. Cette maladie génère en effet une telle culpabilité, un tel sentiment d'échec et un tel fatalisme, que la personne dépressive a l'impression que toute aide extérieure est inutile, que rien ne peut la soigner, ni la guérir. Cette impression est fausse, évidemment car il existe des traitements et des thérapies efficaces de la dépression et l'entourage peut jouer un rôle essentiel dans l'accompagnement des traitements et thérapies. Aussi, il est particulièrement important d'accepter d'être aidé, d'exprimer ce que l'on ressent, de faire confiance aux personnes qui nous aiment, même lorsque cela semble difficile. Il faut pour cela chasser de nos pensées l'idée qu'elles nous considèrent comme un enfant, comme un être inférieur ou comme un malade mental du fait de la dépression car leur but n'est pas d'infantiliser le patient mais au contraire de lui faire réellement confiance. Une fois l'aide acceptée, il est essentiel de ne pas se laisser envahir par un sentiment de mauvaise estime de soi, par la crainte du jugement de l'autre, par la peur d'être déconsidéré par ses proches ou par son médecin ou par son psychanalyste car cela pourrait conduire à lui dissimuler certaines informations essentielles au diagnostic, aux traitements et aux thérapies à mettre en oeuvre comme la réalité de la prise du traitement, ses effets indésirables, le niveau réel de souffrance, les évèhements de vie, les traumatismes. Le patient ne doit pas avoir peur de parler, ne pas avoir honte de se confier, il doit sortir ce qu'il a au fond de lui-même qui le fait tant souffrir car lorsqu'il n'y parvient pas il finit par craquer.

Lorsqu'une personne apprend à détecter les signes précurseurs d'un épisode dépressif, il entreprend une démarche de soin **dans les meilleurs délais** et évite ainsi une aggravation de la maladie. Ces signes varient d'une personne à l'autre car chaque individu est différent, chaque individu a sa propre personnalité et chacun peut avoir ses propres signes. Mais, dans le cas de troubles récurrents, ce sont souvent les mêmes signes qui réapparaissent chez un même individu. Les signes précurseurs les plus fréquents sont le changement de l'humeur notamment une tristesse et des pleurs sans motif apparent, la perte d'intérêt pour les activités de la vie courante et ceux qui font habituellement plaisir, les troubles du sommeil avec un réveil aux petites heures du matin et un sommeil non réparateur, la personne est toujours fatiguée.

Il est important de repérer les signes précurseurs de la dépression pour une prise en charge rapide. On observe une anxiété de fond avec des phases plus aigus, notamment lors de situations jusqu'alors considérées comme routinières et sans danger comme sortir faire les courses ou aller chez le coiffeur, une irritabilité inhabituelle qui nécessite beaucoup d'énergie pour être contrôlée, une fatigue importante ou un ralentissement physique et des mouvements, une impossibilité à agir, à accomplir les tâches de la vie quotidienne, une sensibilité exacerbée au bruit ou à l'agitation environnante, des modifications inhabituelles avec diminution ou augmentation de l'appétit qui modifient le poids. Ainsi, savoir reconnaître ses propres signes est particulièrement utile dans le cas de troubles récurrents et il est conseillé de noter sur un cahier son humeur au fil du temps. C'est une bonne idée, pour soi-même et pour son thérapeute.

La dépression est un phénomène complexe dans lequel interviennent plusieurs causes ou facteurs. Ce sont des facteurs biologiques, des facteurs psychologiques, des facteurs liés à l'environnement. Ces facteurs ne sont pas indépendants les uns des autres ; au contraire, ils interagissent entre eux. Il est donc particulièrement efficace d'agir sur tous ces facteurs en même temps contre la dépression pour générer une dynamique positive qui permet d'aller vers l'amélioration de l'état dépressif du patient.

Suivre une psychothérapie, prendre des médicaments antidépresseurs nécessitent, bien sûr, le recours à un professionnel et on peut aussi réaliser soi-même d'autres actions, par exemple, pratiquer certaines activités physiques, améliorer son alimentation, dormir et prendre ses repas à certaines heures, mettre en place des actions de soins complémentaires régulières comme limiter sa consommation d'alcool, de médicaments anxiolytiques et de substances psychotropes : cannabis, autres addictions, avoir une meilleure socialisation en maintenant des relations sociales. Certaines pratiques font mieux que procurer une simple distraction d'esprit et elles ont aussi fait la preuve d'une efficacité réelle sur la réduction des symptômes de la dépression. Quand elles sont mises en oeuvre de façon progressive, en complément du traitement de fond : **psychothérapie**, médicaments, quand elles respectent les limites qu'impose la maladie, elles contribuent réellement au soin, aux mieux être et à la guérison.

Il s'agit ici de pratiquer certaines activités sportives. Plusieurs études ont démontré que le fait de pratiquer régulièrement mais avec modération une ou plusieurs activités physiques aérobies : activités d'endurance respiratoire comme la marche rapide, la course à pied, le vélo, la natation, le rameur, le ski, le ski de fond, la randonnée, contribue à réduire les symptômes des dépressions légères à modérées et aussi à prévenir leur réapparition. Le niveau d'activité physique préconisé est de 5 séances hebdomadaires de 30 à 40 minutes chacune ou de 3 séances hebdomadaires de 50 à 70 minutes chacune, d'une activité d'intensité modérée, un petit footing par exemple. Pour atteindre cette intensité de pratique, il faut y aller progressivement tout en respectant son propre rythme. Lorsque cette régularité est mise en place, la réduction des symptômes est très rapidement constatée. De plus, aucune activité physique aérobie n'est, à ma connaissance, supérieure à une autre et il suffit de privilégier une activité qui nous plaise pour pouvoir maintenir l'intérêt et la motivation dans le temps ; au besoin il convient d'alterner les types et les modalités de pratique pour conserver son enthousiasme.

On peut faire du footing ou du vélo en extérieur quand il fait beau, faire du sport en salle sur un rameur, faire du steppe ou s'inscrire dans un cours d'aérobic, faire de la natation, faire une balade en forêt seul ou avec des amis, une marche rapide pour se rendre au travail, faire une randonnée. L'augmentation excessive des durées ou des intensités de pratique n'a pas nécessairement d'effets sur les symptômes dépressifs. Cependant, le surentraînement a un effet négatif et dégrade l'état dépressif. Les possibilités sont donc nombreuses et seule la régularité permet d'améliorer l'état de santé du dépressif. La pratique en groupe, dans un club, est intéressante, car elle associe les bienfaits de l'activité physique à ceux de la socialisation, à l'échange avec d'autres personnes. Aussi, quand le patient pratique, en complément des activités aérobies, certaines gymnastiques ou activités corporelles douces elles ont des effets positifs sur son état général.

Si l'on n'a pas pratiqué d'activité physique depuis longtemps, il est préférable de consulter un médecin pour effectuer un bilan de santé.

Certaines relaxations sont pratiquées sous certains conditions. Les techniques de relaxation sont reconnues pour leurs effets sur la gestion de l'anxiété. Il est donc intéressant de les pratiquer pendant une dépression, et après une dépression pour prévenir la réapparition des symptômes. En effet, ces techniques réduisent toutes les tensions du corps. Ces méthodes de relaxation permettent de réduire, voire de stopper les pensées tournant en boucle, les ruminations et les idées noires. Cependant, ce travail sur le corps et sur les pensées est délicat, voire impossible en cas de pensées négatives envahissantes dans les phases les plus aiguës de la dépression. Il est donc indispensable de pratiquer ces techniques avec un professionnel compétent, un psychanalyste, un psychothérapeute pratiquant la méthode intégrative du Docteur Richard MEYER, psychiatre. Par ailleurs, ces approches très spécifiques nécessitent un temps d'apprentissage et un usage régulier pour être efficaces. Il s'agit là d'une thérapie longue.

Quant à l'alimentation, il convient de faire attention aux carences et aux déséquilibres alimentaires car il n'est pas évident de maintenir une alimentation équilibrée quand on souffre de dépression. L'appétit est souvent perturbé puisque le patient n'a pas très envie de manger ou inversement, il devient boulimique. Le respect des recommandations habituelles en matière de nutrition reste valable, comme je l'indique aux patients au cabinet. Je porte une attention toute particulière à la consommation régulière de fruits et légumes frais, de poissons et fruits de mer, d'huiles végétales comme l'huile d'olive, de raisin et la prise de céréales complètes. Ces aliments contiennent en effet des acides gras essentiels : oméga-3, oméga-6, de la vitamine B12, des folates, des antioxydants notamment vitamines C et E, du sélénium, du zinc, du fer <u>dont les carences peuvent jouer un rôle dans la dépression</u>.

En plus de ces risques de carences, les déséquilibres alimentaires peuvent avoir des effets négatifs sur l'organisme, que ce soit à court terme par la perte ou la prise de poids, comme les troubles digestifs, les douleurs musculaires, la fatigue, les troubles de la concentration, les troubles de la mémoire et à plus long terme le diabète, les maladies cardiovasculaires, les problèmes veineux.

Et tous ces dommages physiques peuvent avoir à leur tour un impact négatif sur l'état dépressif.

Ainsi, pour prévenir ces différents risques, le maintien d'une **alimentation naturelle équilibrée** est préconisé afin de ne pas avoir recours à l'usage délicat de compléments artificiels. Ces recommandations ont été élaborées dans le cadre du Plan National Nutrition Santé : PNNS, diffusées grâce à des livrets d'information dont le titre est "La santé vient en mangeant. Le guide alimentaire pour tous, Inpes en 2002."

Manger différemment mais avec plaisir est possible et manger différemment aide, dans certaines situations, à mieux gérer certains effets rencontrés durant la maladie ou sa prise en charge. Il est ainsi possible de conserver ce moment privilégié auprès de ses proches et ce, en toute convivialité.

Pour F., venue en consultation, elle dit faire de la piscine et fait des séances d'aquagymnastique. Elle apprécie les séances de relaxation profonde au cabinet car elle peut ainsi se détendre, ne penser à rien, et lâcher prise

En ce qui concerne l'alcool et les autres substances addictives, ce sont, pour les patients, de faux amis. La souffrance morale ressentie en cas de dépression peut favoriser la consommation d'alcool car, sur le moment, l'alcool donne au patient l'impression d'un soulagement, de mettre une distance entre lui et ses problèmes, peut avoir un effet tranquillisant ou apaisant. Ces effets immédiats sont un piège car l'impression d'amélioration se dissipe rapidement. En réalité, l'alcool a des effets dépresseurs puisqu'il diminue les fonctions cérébrales, le patient est fatigué, a des difficultés de concentration, ressent de la tristesse. Ces effets dépresseurs de l'alcool sont liés à ses interférences avec le fonctionnement de plusieurs neuromédiateurs. Il entraîne en fait une aggravation de la dépression. De plus, la consommation d'alcool pose également problème quand on prend un traitement médicamenteux composé d'antidépresseurs, d'anxiolytiques et autres médicaments pour la dépression. En effet, l'alcool interfère avec les effets des médicaments, augmente leurs effets indésirables et surtout diminue leur efficacité thérapeutique. Il est donc prohibé de boire de l'alcool quand on prend des médicaments. Dans les autres cas, la limite des seuils définis par les experts internationaux est de trois verres par jour pour les hommes, de deux verres par jour pour les femmes au risque d'avoir des problèmes de santé en cas de consommation d'alcool au delà de ces seuils.

La dépression peut être propice à une augmentation de la consommation d'autres substances addictives : médicaments anxiolytiques, tabac, cannabis, cocaïne, amphétamines et autres et, comme l'alcool, ces substances deviennent rapidement toxiques. Ces substances ont directement ou indirectement des effets dépresseurs. Il est donc recommandé de limiter leur consommation dans le cas de prise des médicaments anxiolytiques et de supprimer leur consommation dans tous les autres cas.

En matière de consommation d'alcool, on distingue l'usage simple, l'usage nocif et la dépendance. La personne peut passer de l'usage simple d'alcool à la dépendance. L'usage simple est une consommation n'entraînant pas de complications pour la santé, ni de troubles du comportement qui peut avoir des conséquences nocives pour soi ou pour autrui. Quant à l'usage nocif ou abus d'alcool, c'est une consommation répétée entraînant des dommages physiques ou psychologiques pour la personne ou son entourage.

Il s'agit d'usage nocif quand il est constaté une incapacité pour le patient de se passer d'alcool pendant plusieurs jours, des difficultés pour effectuer des obligations de la vie quotidienne, une aggravation de problèmes personnels ou familiaux, une aggravation des problèmes sociaux. Enfin, on parle de la dépendance quand la personne ne peut plus se passer de consommer de l'alcool sous peine de souffrances physiques accompagnées ou non de souffrances psychiques. Le glissement de l'usage simple à l'usage nocif peut se faire de manière invisible, pernicieuse et c'est ce que l'on nomme "l'usage à risque". La personne se trouve alors dans une phase intermédiaire. Au cours de cette phase, il n'y a pas encore de dommages apparents, mais une intervention précoce est souhaitable. Ces questions peuvent être abordées avec un professionnel de santé, un thérapeute qui aidera le patient à en parler quand il le souhaite pour faire le point sur sa consommation d'alcool et pour envisager ensemble des solutions pour la diminuer et peut-être l'arrêter.

Dans le cas des dépressions, les liens sociaux sont à entretenir tant que possible car le manque de soutien social, de la famille, des amis, des confidents, des collègues, a des effets négatifs sur la dépression. Il faut donc préserver le réseau relationnel qui est essentiel lorsqu'une personne souffre d'un état dépressif. Certes, ce n'est **pas si simple** à mettre en oeuvre, tout d'abord parce que la dépression apparaît parfois à la suite d'une séparation, d'un deuil, d'un licenciement, d'un déménagement, d'un abandon, ainsi l'environnement social du patient se trouve très fragilisé ; ensuite parce que la dépression incite la personne à se replier sur elle-même plutôt que d'aller vers les autres. Le ralentissement intellectuel et physique, provoqué par la maladie, donne l'impression que le monde environnant a changé, qu'il est devenu trop compliqué ; le patient pense qu'il ne peut pas s'y adapter ; enfin parce que la dépression dégrade l'estime de soi, le patient se considère comme quelqu'un d'indigne, et se sent incapable d'avoir des relations satisfaisantes pour soi et pour autrui. Il est donc essentiel de **profiter des périodes de rémission** de la maladie, qui sont des périodes de répit pendant lesquelles le patient se sent mieux, pour entretenir ou développer son réseau de relations : voir sa famille, ses amis, ses collègues, participer à des activités collectives dans des clubs, faire des activités caritatives, culturelles, sportives, artistiques, ludiques. Et, au-delà de ces relations importantes et stables, les petits échanges quotidiens que sont les quelques mots et les sourires échangés avec les voisins, les commerçants de son quartier, le chauffeur de bus, l'artisan du coin, permettent également de se sentir mieux et d'être plus à l'aise et moins isolé dans son environnement. Ainsi, ces multiples petits soutiens sont d'une grande valeur, surtout dans les moments les plus difficiles car, dans les moments de crise, la souffrance peut être telle que le patient est incapable d'aller vers les autres, et que les autres ne sont plus capables d'accueillir sa douleur. Mais, même dans ces moments-là, il convient pour le bien être du patient, de maintenir un lien social, que ce soit avec des professionnels de santé dont c'est le métier : médecins, psychanalystes, psychothérapeutes qui peuvent mettre en place des groupes de parole dont les membres peuvent participer à un échange qui permet de garder ses centres d'intérêt personnels, un domaine à soi, qu'avec son entourage.

Mais une question se pose à moi, la dépression est-elle un mal du siècle : le 21ème Siècle ?

En effet, j'entends souvent le terme de "BURN OUT". il convient donc de connaître ce nouveau "MAL".

Un des facteurs importants, est le fait qu'une personne peut faire un BURN OUT lorsqu'elle n'en peut plus, quand elle se sent déprimée et dans tout ce qui concerne la dépression.

La personne qui se trouve en difficulté face à l'emploi peut faire un BURN OUT.

Le BURN OUT est il un mal du siècle ?

Notre pays est en crise, nous le savons.
Nous connaissons aujourd'hui et maintenant, une crise des valeurs, une insécurité, de la précarité, la transformation de la famille et du couple, des changements sociaux, un esprit de compétition sans cesse grandissant.

Ce sont autant de facteurs qui ont un impact sur nos états d'âme.
Nous sommes de plus en plus déprimés et les consultations pour dépression ne cessent d'augmenter. La dépression est le nouveau mal du siècle.

Au Vème siècle avant Jésus Christ, Hippocrate fut le premier à avoir identifié cette forme de spleen qu'il a nommé "mélancolie" du grec melas (noir) et chloé" (bile) ; la bile noire empoisonne le cerveau et l'âme humaine.

Aussi, la notion de dépression s'est étendue et pour ensuite englober l'ensemble des difficultés psychologiques que chacun est susceptible de rencontrer à un moment donné de sa vie.

Certaines dépressions rares sont d'ordre biologique et peuvent surgir de nulle part.

Cependant, la majorité naissent en réaction à des changements et des pertes survenus au cours de l'existence : rupture, séparation, divorce, deuil, perte affective, abandon.

Ce sont les premières causes de dépression qui touchent une personne sur cinq.

La dépression provoque une grande détresse émotionnelle qui interfère sur le déroulement de la vie, accompagnée d'une inhibition psychomotrice et d'une anxiété majeure.

S'y ajoutent des troubles somatiques et des troubles du caractère avec des symptômes différents d'une personne à l'autre.

Des personnes s'investissant pleinement depuis de nombreuses années au sein de la société qui les emploient, attendent une promotion ou une reconnaisance.

Or, contre toute attente, de nouvelles recrues accèdent aux postes convoités et la permière réaction est la colère, puis vient la tristesse devenue un nouveau mode d'expression quand ce n'est pas le mutisme qui s'installe.

Ces personnes n'ont plus d'appétit, plus de désir et n'ont plus qu'une seule envie c'est de fuir le monde et de se coucher.

C'EST LA DEPRIME !

D'autres, après plus de trente ans de loyaux et bons services à l'entreprise sont licenciés car la société est vendue.

Ils vivent cette situation comme un échec personnel et ressente une perte d'estime de soi.

Il se sent donc anéanti et ne dort plus.

Le patient s'effondre, se sent foutu, c'est le BURN OUT.

Le burn out est donc utilisé constamment, par contre cela n'existe pas dans les Troubles Pathologiques de Diagnostic.

C'est le terme populaire utilisé.

Le BURN OUT touche beaucoup de problèmes.

Ce terme est né pour désigner les personnes ayant perdu leur fonctionnement au travail.

Surtout pour ceux qui aident, au service des autres comme les infirmières, les psychiatres et les psychologues.

C'est donc une incapacité à fonctionner et cela arrive à des personnes qui ont trop de choses à faire, qui n'ont pas assez de moyens de les compléter, ou causé par des causes externes, venant des autres, par des facteurs internes tels que nos façons de voir les choses. Cela se traduit par un manque de confiance.

Et finalement, le thème est devenu si populaire qu'il peut être utilisé pour décrire tout mal être.

Ainsi, BURN OUT peut dire : "je suis mal dans mon travail", "j'ai une dépression majeure", "j'ai une psychose".

Alors, le BURN OUT est utilisé constamment pour toutes sortes de choses.

C'est pourquoi, je vais exposer ici des sujets plus larges.

Les patients en BURN OUT disent souvent : "je suis déprimé, "j'ai trop de travail à faire, trop d'objectifs", "je n'en peux plus".

Parfois le patient manque de confiance en lui et j'entends "je ne suis pas assez bon pour faire ce qu'on me demande de faire", "je m'inquiète trop souvent", "parfois j'ai peur de ma performance, les gens autour de moi vont me juger", "parfois, j'en veux à ma bonne peut-être parce que je déteste les autres ou les autres me détestent".

Certains patients peuvent avoir des sentiments de dépression qui se caractérise par un manque de confiance, ils peuvent avoir des conflits interpersonnels.

Pour toutes ces raisons, les personnes ont tendance à dire "je fais un BURN OUT".

Alors, en effet, quand une personne n'est plus capable de fonctionner au travail, souvent cela se traduit par une dépression, par des troubles anxieux, par des troubles de la personnalité ou cela peut contribuer à ces conditions.

Face à la dépression, face au Burn out, les réactions sont parfois surprenantes ; en effet, des personnes restent sans traitement car elles pensent que cela passera seul, d'autes refusent de consulter pensant qu'elles ne peuvent pas s'en sorir et que personne et rien ne peut les aider.

Aussi, devant les états de tristesse, que l'on pense passagers mais qui deviennent de plus en plus fréquents, il y a lieu de s'alarmer.

Le déprimé, en effet, se sent vide et son quotidien est sans joie ni plaisir.
Il ressent une apathie traduite par une absence de motivation, d'envie et il se replie sur lui-même.

Ses activités habituelles demandent un effort considérable, de plus en plus difficile à réaliser.

Il est en mode "échec et désintérêt".

Son humeur changeante, rendent ses journées ternes et les relations avec son entourage difficiles. Comme il est mal à l'aise au milieu des autres, en public, sa sensibilité est exacerbée face aux évènements du quotidien.

Il peut ainsi passer de la dépression à l'euphorie dans le cas de certains types de dépresson plus grave nommée maladie "bipolaire" ou psychose maniaco-dépressive".

Aussi, les pensées négatives présentes dans la dépression telles "je n'y arriverai pas, je suis bon à rien, je ne fais jamais rien de bien" font parti des croyances communes aux dépressifs.

Lorsque l'idée de suicide est présente, elle doit donc être prise très au sérieux par la famille, le thérapeute et l'entourage.

Les différentes formes de dépression ont toutes en commun la persistance d'un état mélancolique avec un regard perdu dans le vide, plus aucun désir, une humeur qui s'aggrave de jour en jour, le patient se sent inadapté même dans les tâches et les situations les plus courantes de la vie quotidienne.

Ainsi, un BURN OUT peut passer du stress à la tension, de la tension à la dépression. En effet, la dépression touche tous les âges, les enfants et les adolescents aussi et les symtômes rencontrés le plus souvent sont l'irritabilité, la tristesse, les maux de ventre, les pleurs spontanés, la tendance à l'isolement, le désintérêt pour toutes activités et le désintérêt aux jeux.

Quant aux personnes âgées, les symptômes constatés sont les troubles de la mémoire, de la confusion, une désorientation, des crises d'angoisse, une agitation importante, une prréoccupation excessive de leur santé.

Chez la femme, lors du cycle menstruel, nous trouvons une période sensible, au post partum et à la ménopause, avec des pics de vulnérabilité et des variations hormonales générant une tension physique et psychologique importante.

Ce sont là des formes de dépression plus physiologiques que psychologiques qui disparaissent spontanément.

Ainsi, certaines personnes connaissent des épisodes uniques de dépression et guérissent avec la plupart du temps des rechutes.

Et les expériences traumatiques de la petite enfance créent un terrain favorable à la dépression.

Cependant, personne n'est vraiment à l'abri car la dépression peut surgir sans qu'il y ait des prédispositions ou des évènements traumatiques antérieurs.

Lorsque des périodes dépressives deviennent redondantes ou se prolongent, il importe de s'inquiéter, surtout sans soulagement et avec des conséquences sur le cours de l'existence.

Les dépressions légères sont guéries en quelques semaines.
Par contre, les dépressions les plus sévères nécessitent des traitements spécialisés.
En effet des thérapies et des traitements spécialisés existent pour la dépression et il convient d'y avoir recours.

Les différentes méthodes de Psychothérapie, de Psycho-somatothérapie, de Psychanalyse, ou de relaxation sont à notre disposition pour trouver la thérapeutique la plus adaptée à chaque patient et la méthode intégrative du Docteur MEYER nous offre tous les outils nécessaires à cette pathologie.

Il existe, en effet, des traitements de la dépression que sont la sophrologie et les techniqiues de relaxation, pour particier au mieux être du patient.

Par ailleurs, la dépression psychique s'accompagne d'une dépression physique à laquelle s'ajoute une dépression métabolique qui se traduit par une alt"ration considérable du système respiratoire.

L'inhibition motrice se manifeste par de la fatigue, des troubles somatiques, par une insomnie, notamment dans la deuxième partie de la nuit accompagnée par un réveil matinal précoce.

Parfois, la dépression s'exprime par des réveils multiples ou des difficultés à s'endormir.

En outre, d'autres troubles peuvent apparaître comme des problèmes digestifs, des douleurs digestives, des douleurs musculaires, des spasmes et l'anxiété y est souvent associée.

Cette anxiété est très souvent associée à la dépression et se traduit par une respiration difficile, des palpitations cardiaques et un corps noué.

La souffrance ressentie par le patient l'incite à contracter, à bloquer une partie du corps afin de dissimuler une émotion désagréable.

Des techniques en sophrologie, en relaxation, en rebirth (technique respiratoire accompagnée) sont efficaces pour qu'à nouveau s'installe un calme et une détente musculaire.

Des techniques respiratoires se révèlent très utiles et stimulent l'organisme du patient. La détente globale du corps permet au patient de dénouer toutes les tensions corporelles.

Tout d'abord, je pratique la sophrologie. C'est un outil qui permet de soulager le patient de sa souffrance et de l'accompagner vers la guérison.

La sophrologie est une méthode de relaxation qui a pour but d'acquérir un meilleur équilibre enbtre le corps et le mental. Cette méthode est très utile pour accompagner les malades du cancer en améliorant leur état physique.

A l'aide d'exercices de détente, le patient apprend à mieux gérer le stress, l'anxiété, l'insomnie, les douleurs ou la fatigue et les malades apprennent à mieux gérer les effects secondaires de la maladie.

Ensuite, j'exerce les techniques de relaxation.

En effet, le Docteur Richard MEYER a mis en oeuvre la présence juste.

C'est un protocole long qui se présente comme un art de vivre devant aller jusqu'à la méditation et la mystique : laisser venir, pour ressentir... et l'art de vivre est d'autant plus créatif qu'il simplifie la vie. Il ne s'agit pas ici d'éliminer seulement les obstacles au bien vivre et à la méditation, mais d'enrichir la présence jusqu'à la plénarité et la plénitude.

La pratique du Docteur Richard MEYER, présentée ici, a été testé par vingt cinq années d'expérience personnel par l'enseignement à une centaine de ses derniers patients et un millier de psychothérapeutes en formation.

La présence juste est donc une pratique et un pur vécu.

Quant au Rebirth, c'est une pratique que j'utilise au Cabinet et qui est très appréciée par les patients du fait des résultats. C'est une respiration dynamique relaxante.

Pour l'essentiel, il convient d'obtenir, dans sa pratique, ce que les physiologistes appellent "ventilation sur un mode paradoxal".

Il s'agit ici d'un usage médico-psychologique occidental qui, de toute façon, se rattache historiquement à la pratique indienne. Le rebirth, c'est chosir le plaisir de vivre, abandonner toutes les limitations qui empêchent que notre vie soit proche de nous-mêmes.

Il n'y a pas de besoin de comprendre car ce que nous sommes est contenu dans les premiers instants de notre conception intra utérine, les premiers instants de notre naissance. Ce qui a été un manque pour nous, nous allons le rejouer.

Ainsi, Rebirther c'est se mettre dans cette respiration, c'est accepter cette sensation d'être déstabilisée, c'est le mouvement. Et, pour accéder au bienfait du rebirth, il faut être vraiment dans l'acceptation du changement de la vie, de l'ultimement.

Les recherches psychophysiologiques ont montré que l'hyperventilation a pour effet de provoquer une diminution de la vigilance ou une perte de conscience, de diminuer l'activité psychomotrice (50% en 1/2 heure), d'augmenter la tolérance à la douleur et de favoriser l'action des médicaments analgésiques si il y a, de diminuer l'agressivité et l'anxiété, de provoquer une légère euphorie et de diminuer les sensations en provenance des organes.

Le fait d'amener le patient à expirer totalement (par un léger appui sur le bas du thorax) entraîne, dans une forte proportion de cas, une détente émotionnelle accompagnée de pleurs et de la révélation d'évènements marquants du passé.

Après l'observation de dix mille personnes passées au travers l'expérience de l'hyperventilation, il a été conclu par Sondra RAY (rebirth : annexes) que les seuls prérequis nécessaires à la réussite sont le calme, la sécurité et l'encouragement pendant l'expérience, ce que j'ai pu constaté lors de mes formations et sur des patients au Cabinet.

Par ailleurs, la méthode de Théodore - Yves NASSE a également fait ses preuves.

Théodore Yves NASSE, (annexes : "Psychanalyste/Sophrologue" : "La guérison en tête") Directeur du Laboratoire de" Psychopathologie du stress, de la fatigue et de la dépression (Service d'Endocrinologie de l'Hôpital BICHAT : Professeur Jean Paul RAYMOND) a mis au point une méthode sophronique anti-fatigue pour stimuler ou ralentir certaines hormones.

Ainsi, le cerveau limbique, responsable de la tonalité affective, semble très riche en récepteurs. Il est clair qu'une poussée d'endorphines agira sur notre cerveau et nos organes, sur notre état mental, comme confirmée par l'étude américaine des professeurs KOSDTERLITZ et SIMON.

Théodore NASSE montre aussi que la production d'endorphines était liée aussi à celle de l'adrénocorticotrophine, une hormone immunitaire, d'où l'idée de faire fabriquer par les patients cette endorphine pour vaincre la fatigue et l'humeur dépressive.

Ici, il s'agit donc de stimuler l'activité cardio vasculaire à travers un exercice sur les cinq sens.

Un travail est aussi exécuté sur ces cinq sens par MARIE CHRISTINE PIATKOWSKI (EEPSSA de STRASBOURG).

Dans l'imaginaire, cet exercice agit sur les stimulations sensorielles et la production d'endorphines et génère un état de bien-être en apaisant les tensions. La visualisation et la suggestion de différents parfums stimulent la fonction de l'oralité, le contact imaginaire du toucher de l'eau et du sable par le mouvement des vagues renvoie à la VIE.

Ainsi, l'activité musculaire et tendineuse ressentie tout au long du travail d'entraînement amène parfois une forte oxygénation ce qui provoque, comme chez les coureurs de fond, la fabrication immédiate d'endorphines. Et cette action, indirecte, va permettrre d'agir sur la dépression.

Aussi, chaleur, lumière, visualisation, respiration, présence juste, travail sur les cinq sens, favorisent la production d'endorphines, ces fameuses hormones du bien être. La chaleur libère le plexus solaire et permet une détente profonde. La stimulation de l'imaginaire permet d'éliminer les tensions mentales internes ; elle agira même sur certains organes en particulier le ventre qui est le siège de nombreuses tensions.

La respiration agit aussi sur la sérinité qu'elle peut induire.

Le rebirth, lui, libère des tensions acquises tout au long de sa vie : oubli de tout, joie du corps, sécurisation.

Au cours de mon travail de Psychanalyste, confrontée à la dépression, je me suis attelée à deux registres :

- celui de l'indication d'analyse devant ces patients déprimés
- celui du cadre et des variations de la technique.

En conclusion, il existe maintenant de multiples façons de faire face à la douleur émotionnelle, de vaincre la dépression et de guérir pour se sentir à nouveau en VIE.

Si l'on déprime, c'est qu'on se rebelle, qu'on n'est pas encore avec soi, qu'on n'a pas tout a fait étouffé l'enfant en soi. C'est donc que le désir est encore là, prêt à prendre le pouvoir, comme une revendication intime du plaisir.

Il nous faut donc nous accorder la force d'encourager la libre circulation du désir et du plaisir et accepter de se faire aider.

Toute démarche a besoin d'une action car c'est un anditote contre ce mal être, ce sentiment dépressif.

Notre pulsion de vie est capable de renaître !

Pour rebondir, il faut pouvoir à nouveau se fier à sa boussole pour mieux repartir sur ce chemin du plaisir et accéder aux milliers de merveilles qui nous sollicitent du dehors.

Je préfère les défis de la vie à une existence garantie, l'excitation de la satisfaction au calme usé de l'utopie.

TOUS MES REMERCIEMENTS A RICHARD MEYER, CE PERE QUE JE PEUX AUJOURD'HUI REGARDER DANS LES YEUX.

A FREDERIC, MON AMI, MON FRERE, MON MARI ET AMI..............

MOTS A RETENIR

Activités physiques aérobies.

Activités d'endurance respiratoire (comme la marche rapide, la course à pied, le vélo, la natation, le rameur…) dont la pratique régulière mais modérée contribue à réduire les symptômes des dépressions légères à modérées et à prévenir leur réapparition.

Anxiété

Émotion proche de la peur, sans cause évidente, présente chez tout être humain.

L'anxiété est un symptôme fréquent en cas de dépression, qui se manifeste aussi bien dans le corps (boule dans la gorge, gêne pour respirer…) que dans la tête (rumination, sensation de catastrophe imminente…).

Anxiolytiques

Couramment appelés « tranquillisants », ces médicaments soulagent rapidement l'angoisse. Mais ils ne soignent pas la dépression et ne doivent pas être pris pendant plus de quelques semaines (au-delà, le risque de dépendance est réel).

Baby blues

Moment de doute et de fatigue passager, facilement surmontable, qui se manifeste chez la mère quelques jours après l'accouchement. À distinguer de l'épisode dépressif du post-partum.

Dysthymie

Dépression qui s'installe dans le temps, avec des symptômes qui réapparaissent fréquemment et pendant des périodes plus longues. Lorsque ces symptômes sont très nombreux et très intenses, on parle de dépression chronique.

Effets indésirables

Effets secondaires désagréables que peuvent avoir les médicaments.

Épisode dépressif caractérisé (ou épisode dépressif majeur)

Période de temps suffisamment longue (plus de quinze jours) pendant laquelle, chaque jour ou presque, et pendant la plus grande partie de la journée, une personne présente un état de souffrance profonde et plusieurs autres symptômes de la dépression.

Épisode dépressif de type saisonnier

Épisode dépressif survenant régulièrement à des moments spécifiques de l'année (apparaissant, par exemple, chaque hiver pour disparaître au printemps).

Épisode dépressif du post-partum

Épisode dépressif caractérisé suivant l'accouchement, à distinguer du baby blues.

Facteurs de risque (ou facteurs de vulnérabilité)

Causes de la dépression intervenant très en amont de la maladie, qui préparent le terrain. Exemple : avoir des parents qui ont souffert de dépression augmenterait le risque d'être soi-même frappé par la maladie.

Facteurs précipitants

Causes de la dépression intervenant juste avant la dépression, qui la déclenchent.

Exemples : une séparation, un deuil, un licenciement, un abandon.

Hypnotiques

Couramment appelés « somnifères », ces médicaments visent à faciliter le sommeil lorsque celui-ci est perturbé.

Médecin traitant

Chaque Français de plus de 16 ans doit choisir et déclarer auprès de sa Caisse d'Assurance Maladie son médecin traitant. Tout médecin peut remplir ce rôle (médecin de famille ou autre praticien, généraliste ou spécialiste, conventionné ou non), à condition qu'il donne son accord. Le médecin traitant est au coeur du dispositif du parcours de soins coordonnés et personnalisés. C'est lui qui détermine, lors de votre consultation, s'il est nécessaire de vous orienter vers un autre médecin.

Millepertuis

Cette plante, en vente libre en France, parfois utilisée en cas de « manifestations dépressives » légères et provisoires, n'est pas un traitement pour les épisodes dépressifs caractérisés, même d'intensité légère. Le millepertuis ne doit pas être pris à la légère, comme une sorte de « tisane antidépressive ».

Il présente en effet le sérieux inconvénient d'interagir avec de très nombreux médicaments, dont certains antidépresseurs. Il est donc très important d'informer le médecin de l'utilisation éventuelle de ce produit.

Neuromédiateurs (ou neurotransmetteurs)

Substances fabriquées en permanence par le cerveau qui servent à la transmission d'information entre les neurones. Les neuromédiateurs affectés par la dépression sont la noradrénaline, la dopamine et la sérotonine.

Psychiatre

Médecin spécialisé qui a reçu, après ses études de médecine générale, un enseignement supplémentaire de quatre ans sur les maladies mentales et leurs traitements. En tant que médecin, il est habilité à prescrire des médicaments, des examens et des soins, et à rédiger des certificats médicaux.

Il peut aussi proposer une psychothérapie (qui peut être réalisée avec lui ou avec un autre professionnel).

Psychologue

Il a effectué cinq années de psychologie à l'université et possède un diplôme de 3e cycle (DEA, DESS ou master). Il est habilité à effectuer un bilan de personnalité à l'aide de tests et d'un questionnement approfondi. Il effectue des entretiens cliniques et peut aussi réaliser des psychothérapies.

Symptômes

Signes physiques, fonctionnels ou psychologiques provoqués par la maladie, perçus par le malade, dont l'étude sert à poser le diagnostic d'une maladie.

Temps partiel thérapeutique

Possibilité de travailler à temps partiel en percevant tout ou partie des indemnités journalières d'arrêt de travail versées par l'Assurance maladie. Un temps partiel thérapeutique nécessite l'avis de trois médecins (le médecin traitant, le médecin conseil de l'Assurance maladie, le médecin du travail) et l'accord de l'employeur.

Pour être accordé, il doit s'intégrer dans un projet de soin précis conduisant à terme à une reprise du précédent emploi à temps complet.

Tristesse

La tristesse de la dépression n'a rien à voir avec la tristesse « normale » : elle est particulièrement intense, elle n'est pas « directement » reliée à une cause, rien ne l'apaise, elle se mêle d'angoisse et d'un sentiment de « fatalité ».

Troubles anxieux

Maladie psychique caractérisée par des peurs irrationnelles et gênantes (phobies, obsessions, panique…). À distinguer de la dépression, même si les deux maladies peuvent avoir des symptômes similaires.

Troubles bipolaires (ou **maladie maniaco-dépressive**)

Forme particulière de trouble de l'humeur qui alterne des épisodes d'excitation excessive (épisodes maniaques) et des épisodes dépressifs.

ADRESSES ET NUMÉROS UTILES

DES ASSOCIATIONS PEUVENT VOUS GUIDER :

Association France-Dépression

Association française contre la dépression et la maladie maniaco dépressive (loi 1901), soutient les personnes dépressives et leur entourage : groupes de parole, permanence téléphonique, conférences, activités conviviales… Ses membres sont des personnes confrontées à la maladie : patients, parents, amis, ou professionnels de la santé (médecins, psychologues, psychothérapeutes, psychanalystes, assistantes sociales, infirmiers…).

Plusieurs associations régionales existent, renseignez-vous sur le siteweb : **www.france-depression.org**

L'Unafam (Union nationale des amis et familles de malades psychiques).

Les bénévoles des 97 sections départementales accueillent, soutiennent les familles et défendent leurs droits. L'Unafam organise des formations afin d'aider les proches confrontés à la maladie psychique. Des réunions, groupes de parole, conférences-débats, congrès ainsi qu'une revue et des brochures, participent également à cette mission de formation et d'information à laquelle des spécialistes, psychiatres, psychologues, juristes et assistantes sociales apportent leur concours.

La FNAPSY
(Fédération Nationale des Associations d'usagers en PSYchiatrie)
La FNAPSY regroupe 70 associations membres et les représente auprès des instances concernées. Elle facilite le développement et l'entraide des associations et aide à leur

création. La FNAPSY remplit également une mission d'information vers le grand public.

Vous trouverez notamment sur leur site de la FNAPSY les contacts d'associations partout en France :

Adresses et numéros

DES ASSOCIATIONS PEUVENT VOUS GUIDER :

Association France-Dépression

Association française contre la dépression et la maladie maniacodépressive (loi 1901), soutient les personnes dépressives et leur entourage : groupes de parole, permanence téléphonique, conférences, activités conviviales... Ses membres sont des personnes confrontées à la maladie : patients, parents, amis, ou professionnels de la santé (médecins, psychologues, assistantes sociales, infirmiers...).

Plusieurs associations régionales existent, renseignez-vous sur le site web : **www.france-depression.org**

L'Unafam (Union nationale des amis et familles de malades psychiques)

Les bénévoles des 97 sections départementales accueillent, soutiennent les familles et défendent leurs droits. L'Unafam organise des formations afin d'aider les proches confrontés à la maladie psychique. Des réunions, groupes de parole, conférences-débats, congrès ainsi qu'une revue et des brochures, participent également à cette mission de formation et d'information à laquelle des spécialistes, psychiatres, psychologues, juristes et assistantes sociales apportent leur concours.

Les coordonnées des sections départementales sont disponibles au **01 53 06 30 43** et sur le site web: **www.unafam.org**

La FNAPSY (Fédération Nationale des Associations d'usagers en PSYchiatrie)

La FNAPSY regroupe 70 associations membres et les représente auprès des instances concernées. Elle facilite le développement et l'entraide des associations et aide à leur création. La FNAPSY remplit également une mission d'information vers le grand public.

Vous trouverez notamment sur leur site les contacts d'associations partout en France : **www.fnapsy.org**

ADRESSES ET NUMEROS UTILES

POUR OBTENIR DE L'AIDE,
DISCUTER, AVOIR L'ÉCOUTE DE QUELQU'UN :

S.O.S Amitié

S.O.S Amitié offre, à tous ceux qui choisissent d'appeler, la possibilité de mettre des mots sur leur souffrance et, ainsi, de prendre le recul nécessaire pour retrouver le goût de vivre.

Vous trouverez le numéro de votre région sur le site Internet **www.sos-amitié.com** ou au **01 40 09 15 22**. Le site offre aussi un service d'écoute web (anonymat, confidentialité et non-directivité).

Suicide écoute

01 45 39 40 00 (prix d'un appel local) : accueil et écoute des personnes confrontées au suicide, 24h/24, 7j/7. **http://suicide.ecoute.free.fr/**

S.O.S Suicide Phénix

Numéro national : **0825 120 364** (15ct / min) : accueil et écoute des personnes confrontées au suicide, 7j/7 de 16h à 20h.

Numéro régional Île-de-France : **01 40 44 46 45** (prix d'un appel local)
www.sos-suicide-phenix.org

Écoute-famille

01 42 63 03 03 (prix d'un appel local) : cette ligne d'écoute créée par l'Unafam est destiné aux familles ayant un proche en souffrance psychique. Des psychologues conseillent et orientent les familles.

PLUS SPÉCIFIQUEMENT POUR LES ENFANTS ET LES ADOLESCENTS, N'HÉSITEZ PASÀCONTACTER :

Fil Santé Jeunes

0800 235 236 (appel anonyme et gratuit depuis un poste fixe) : écoute, information et orientation des jeunes dans les domaines de la santé physique, psychologique et sociale. Ouvert 7j/7 de 8h à minuit.? **www.filsantejeunes.com** : informations, questions-réponses individualisées, forums, chats dans les domaines de la santé physique, psychologique et sociale des jeunes.

Phare Enfants-Parents

0 810 810 987 (prix d'un appel local depuis un poste fixe) : écoute des parents et des enfants en difficulté, prévention du mal-être et de l'autodestruction des jeunes, du lundi au vendredi de 9h30 à 18h.

Site d'information et d'orientation contribuant à combattre le mal-être des jeunes : **www.phare.org**

Édition
Conception graphique et mise en page
Illustrations
Directeur de la publication

BIBLIOGRAPHIE

VOIR aussi

Article connexe

.Trouble bipolaire

Bibliographie

- Sigmund Freud : <u>Deuil et mélancolie</u>, in Oeuvres complètes, vol. XIII, 1914 - 1915, PUF, 1988, ISBN 2130418090

- .Karkl Abraham : <u>Oeuvres complètes</u>, 2 tome 1, Payot, 1989, ISBN 2-228-888137-6, ISBN2-228-88138-4,

- .Mélanie Klein : <u>Deuil et dépression</u>, Payot, coll. "Petite Bibliothèque Payot", 2004 ISBN 2228898139,

- Léon Grinberg : <u>Culpabilité et dépression</u>, Ed. : Les Belles Lettres, 1992, trad. Marina Urquidi, ISBN 2251334483

- .Paul-Laurent Assoun, <u>La dépression, un concept psychanalytique</u>, in Synapse, décembre 2004,

- Jean Bergeret, <u>La dépression et les états limites</u>, 1992, Payot, Coll : Science de l'homme, ISBN 2228885975,

- Pierre Fedida, <u>Des bienfaits de la dépression</u>, éloge de la psychothérapie, O.Jacob 2001,

- .Figures de la Psychanalyse, 2001n, n5, <u>Mélancolie et dépression</u>,

- .Edith Jacobson, <u>Les dépressions, états normaux, névrotiques et psychotiques</u>, 1989, Payot, ISBN 2228881317

- .Julia Kristeva, <u>Soleil Noir, dépression et mélancolie</u>, Folio essai n°123,

- . Jacques Lacan, <u>Télévision</u>,

- .Donald Winnicott, <u>La nature humaine</u>,

- . Zafiropoulos, <u>Tristesse dans la modernité</u>

Ouvrages généraux

- Alain Ehrenberg, <u>La fatigue d'être soi</u>, Odile Jacob 1998

Tables des Matières

Printed by Books on Demand GmbH, Norderstedt / Germany